PÂTISSERIE DU CHEF FUJIU

藤生義治
法式甜點新詮釋

Les Gâteaux Classiques Français

瑞昇文化

Les quatre saisons que J'aime
La nature que J'aime
Mais particulierement
Ce sont les gâteaux que J'adore

"熱愛四季，熱愛自然，
並且，特別
熱愛甜點。"

（繼承山名將治先生的思想）

一生的恩師，山名將治先生

給藤生義治先生的訊息　　山名將治

C'est par une nuit d'orage que Mr.Fujiu est arrivé pour la première fois à Paris.

Le lendemain pour aller chez Millet nous sommes passés par la rue de Rivoli, la place de la Concorde et nous avons traversé la Seine.

Mr.Millet avait accepté de l'accueillir chez lui pour faire un stage, celui-ci durera 2 années complètes.

Malgré beaucoup d'obstacles "la langue, la façon de travailler, etc...", celui-ci a su surmonter avec succès tous ces problèmes, et n'ont fait qu'évoluer.

Je suis très fier de lui pour son talent, sa simplicité et son grande cœur.

Masaharu Yamana

他初次抵達法國的那一晚雷雨交加。這個回憶具有象徵意義。

第二天清晨，他來到里沃利街，經過協和廣場，走到第7區米勒先生的店，非常幸運地，在米勒先生手下工作的事很快便決定了。

巴黎的第一天！對他而言肯定是一輩子難忘，飛躍的第一步。

他停留的時間很短。對職人來說，從學習技術這點來看，留學2、3年算是太短。然而，他克服一切困難，獲得最大的成果歸國。

他的法式甜點技術自不用說，比起這方面，他身為人的魅力、誠摯的心、職人的精神等，我都以他為榮。

前言

自從第一次去法國，已經過了50年歲月。

當時日本一般的西點店，裡頭陳列的商品和現在的甜點不同，都是非常簡單的水果蛋糕。就算當上甜點師傅的人非常嚮往巴黎，那個時代也無法輕易地像現在一樣去法國學習。在那個時代，我向研究法式古典甜點，為甜點師傅舉辦法語講座的山名將治老師拜師，並且拜訪鳥取縣米子市的日式糕點老店三男坊的鶴田榮治先生，這成了我前往巴黎的契機。

遇見山名老師的第二年，鶴田先生去了法國。他在巴黎郊外的聖日耳曼昂萊的「Pâtisserie Dumas」這間甜點店工作。他每個月都會寄來幾封信，上面寫了法國特別有魅力的特點。後來鶴田先生的信件，對於遲遲無法決定法國行的我而言變成一種激勵。他聽說此事，表明實際上在法國的生活也有難受辛苦的時候。

之後，配合山名老師停留的時間，我也前往了巴黎。我在巴黎和山名老師見面，在隔天拜訪了「Jean Millet」，老闆兼西點主廚尚・米勒（Jean Millet）先生立刻接納了初次見面的我。從那天起我踏出了身為「糕點師」的第一步。決定修業地點的回程路上，我和山名老師兩人走在雨後的塞納河畔，在我腦中充滿了不熟悉法國生活的不安，另一方面，對於未來夢想的想像，至今我仍記憶鮮明。2年前聽說Jean Millet換人經營，於是我重遊故地，在暫時停止營業的店鋪前，心裡有一種修業時期的巴黎街道彷彿就在眼前的錯覺，我懷著複雜的心情，懷念地回想起當時的情景。

50年前的巴黎，充滿了從未見過的嶄新、深具魅力的甜點，顛覆了之前我對於甜點的概念。陳列那些甜點的店頭情景；在主管巴特羅親切卻嚴格的指導下度過修業日子；和手頭不寬裕的日本糕點師夥伴聚在一起吃飯聊天的週末……巴黎修業時期認識的朋友，我們現在仍感情深厚，當時所有的事當然都成為我今日的基礎。

1969年6月4日，從初次造訪巴黎的這一天起，我的糕點師人生展開了。對於以前遇過的所有人，我要再次由衷地感謝，並且不忘初衷，繼續我的糕點師人生。

這是我的第一本個人著作，本書蒐羅了由山名老師持續舉辦的學習會「法式蛋糕會」所介紹的古典甜點；以法國傳統甜點為基礎製作的「PÂTISSERIE DU CHEF FUJIU」的原創甜點；我在巴黎修業時期很感興趣，幾乎憑自學確立食譜的糖果等，對我來說都是投入感情的甜點。希望大家透過法國歷史悠久的甜點和熟悉的甜點食譜，對深奧具有魅力的法式甜點世界激發想像力。對於從事法式甜點製作的各位，本書若能成為大家了解傳統法式味道的提示，就是我最大的喜悅。

藤生義治

目錄
Sommaire

I │ 在FUJIU進化的 古典甜點
Classiques

研究時不可缺少的
法式甜點的古典食譜

為了持續探求法式古典甜點，
必須參考部分法國的古典食譜集。
這些也是本書介紹的古典甜點的出處。

TRAITÉ DE PATISSERIE MODERNE

［トレット・ドゥ・パティスリー・モデルヌ］

1950年出版。Emile Darenne和Emile Duval的共同著作。從歐洲修業時期便是我愛看的書。內容有條理容易閱讀，現在我研究古典甜點時當然也會作為參考。在此介紹的古書，皆由老字號出版社弗拉馬利翁（Flammarion）出版社出版。

LA PÂTISSIERE DE LA CAMPAGNE ET DE LA VILLE

［ラ・パティスリー・ドゥ・ラ・カンパーニュ・エ・ドゥ・ラ・ヴィーユ］

1800年代出版。作者是19世紀的糕點師Pierre Quentin。卷頭搭配插圖，有些頁面還有介紹製菓用具，不過食譜以文章為主體。有的甜點只有刊出材料和份量，能激發讀者的想像力。

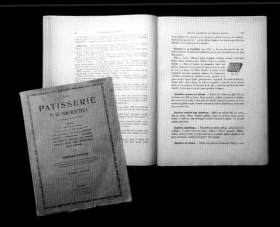

LE RÉPERTOIRE
DE LA PÂTISSERIE

［ル・レペルトワール・ドゥ・ラ・パティスリー］

1925年出版。Jean-Louis Banneau著。比其他古書更
厚重，但是小一點，尺寸方便攜帶。感覺像小型辭
典。食譜和其他古書一樣，基本上僅以文章構成。開
頭刊出製菓用語集，這點止是本書特色。

LA PÂTISSERIE
D'AUJOURD'HUI

［ラ・パティスリー・ドージョルデュイ］

1890年代出版。作者是19世紀的知名廚師Urbain
Dubois。書上有穿插插圖介紹製法，如千層派皮折法
等。這是「Patisserie Salon de The Goseki」的五關嗣
久先生的藏書，我們一起研究古典甜點時會參考這本
書。

開始製作之前

＊甜點名稱主要記載了在「PÂTISSERIE DU CHEF FUJIU」販售的商品名稱，不過從古典食譜引用的甜點，只有法文是古典食譜上頭記載的名稱。

＊食譜以「PÂTISSERIE DU CHEF FUJIU」製作的單位為基本。並調整為精細的數字作為本書用。另外，有些甜點適合一次製作保存，有些適合一次做一點，完成的份量未必等於甜點個數所需的份量。

＊材料的份量基本上以重量（g）標示，若是從古典食譜引用的甜點，則以古典食譜上記載的單位標示。

＊沒有特別記載的情況下，材料皆恢復成常溫。

＊使用的雞蛋去殼後，1顆約55g（蛋黃約20g，蛋白約35g）。

＊沒有特別記載的情況下，奶油使用無鹽奶油。

＊融解奶油使用時，調整成約50℃。

＊麵粉等粉類（包含杏仁粉、可可粉和糖粉）在使用前過篩。

＊沒有特別記載的情況下，手粉使用高筋麵粉。

＊麵團延展時，按照需要撒上手粉。

＊沒有特別記載的情況下，塗的蛋液使用攪開的全蛋。

＊沒有特別記載的情況下，使用液體的色粉。

＊攪拌機裝上打蛋器攪拌（裝上攪拌器或攪拌勾時，將個別記載）。

＊用攪拌機攪拌時適時停止，用橡膠刮刀或刮板將調理碗內側或沾在配件上的麵糊或奶油刮乾淨。

＊水和細砂糖倒入鍋中加熱，製作透明的糖漿時，中途以用水沾濕的刷子刷鍋子內側與側面，避免形成焦糖化的部分。

＊熬煮鮮奶油或砂糖時，熬煮狀況的基準軟球狀，是指冷卻後用手指勾起會變成小球體的狀態，標準溫度是116～120℃。依照調配與理想的質感，合適的溫度有所不同。

＊烤箱的溫度與加熱時間，終究只是一個標準。請根據烤箱機種與麵團狀態適度地調整。

＊攪拌機的速度與攪拌時間，終究只是一個標準。請根據攪拌機機種與麵團、奶油的狀態適度地調整。

＊標準常溫約為25℃。

＊標準體溫為35～37℃。

＊使用的素材之中有些標示出廠商名稱與品牌，這是記下作為瞭解實際風味的線索，使用您喜歡的素材也沒關係。

＊本書根據(株)柴田書店發行的Mook（雜誌書）《café-sweets》vol.169～180（2015年4月～2017年3月）刊載的連載「PÂTISSERIE DU CHEF FUJIU復甦於現代的法式古典甜點」的報導，並大幅增添全新採訪內容集結成冊。

I

Classiques

在FUJIU進化的
古典甜點

Gâteaux Conservés

Petits Fours Glacés

Gâteaux à base de Pâte Feuilletée

Gâteaux à base de Pâte à Choux

Gâteaux avec la Crème Cuite

Gâteaux Fériés

Saucisson au Pain Velu

[葡萄乾杏桃醬年輪捲]

重現 『 LA PÂTISSIÈRE DE LA CAMPAGNE ET DE LA VILLE 』
的食譜

葡萄乾杏桃醬年輪捲

[Saucisson au Pain Velu]

Mettez dans une terrine 175 grammes de sucre tamisé; travaillez-le avec six jaunes d'œufs; ajoutez la râpure d'un zeste de citron ❶ ; incorporez peu à peu à cet appareil: 175 grammes de beurre frais, 175gr.de farine fine et 120 grammes de raisins secs ❷ ; quand le tout est bien mélangé, incorporez-y les six blancs d'œufs fouettés bien ferme ❸ ; couchez cet appareil sur une feuille de papier d'office beurrée; faites cuire à four doux; retirez la cuisson faite; abricotez-le assez épais, roulez votre gâteau sans le laisser refroidir et de manière à lui donner la forme d'un saucisson ❹ ; glacez-le avec un mélange de 125 grammes de sucre tamisé battu avec trois blancs d'œufs et une cuillerée de rhum; roulez-le sur du sucre grossièrement écrasé; mettez-le au four pour qu'il s'y dessèche, et quand il est froid, coupez-le par tranches comme on fait pour le saucisson.

❶ 加上削細的檸檬皮屑。
❷ 175g奶油、175g麵粉和
　120g葡萄乾，慢慢加入阿帕雷醬
　（由蛋黃、砂糖和檸檬皮屑攪拌而成）
　並攪拌。
❸ 加入已充分打發的6顆份蛋白，進行攪拌。
❹ 趁熱把蛋糕片基底捲成香腸的形狀。

「Gâteaux Conservés」在古典食譜中的意思是能保存的甜點，這就是在此類型中找到的古典版蛋糕捲。在加入檸檬皮屑與葡萄乾的蛋糕片基底塗上杏桃果醬，捲成蛋糕捲的製法，於是我嘗試重現這道，只要是喜愛蛋糕捲的日本人都會愛上的甜點。檸檬清爽的香味讓葡萄乾的口感變成重點，蛋糕體的Q彈也被味道酸甜的果醬襯托，加上撒滿表面的粗糖顆粒，產生出了十足的韻律感。雖然外觀樸素，卻能享受到豐富的滋味與口感，這點令我感受到魅力，於是將這種甜點的原味活用到極限，並加上我獨創的想法。

最大的特色是，口感Q彈的蛋糕體。在古典食譜中，摻入蛋黃、砂糖和檸檬皮屑屑，這時依序加入奶油、麵粉、葡萄乾。但是，若依這個順序會很難充分混合，麵糊的狀態也會不穩定。因此我將奶油、麵粉和葡萄乾摻入糊狀物，這時，再加上攪拌過的蛋黃、細砂糖和檸檬糊繼續攪拌。藉此，就能順暢均勻地混合。另外，調配市售的檸檬糊，可代替檸檬皮屑屑。強烈地呈現出爽快的香味，產生出更有印象的裝飾品。

甜點名稱中的「Saucisson」在法語是「香腸」的意思。大概是因為形狀很像香腸吧？加上葡萄乾的Q彈蛋糕體與杏桃果醬的組合，雖然樸素卻是令人印象深刻的滋味。我自己也非常喜歡，當成主打甜點之一，並且獲得一定的支持。裝飾後放2天，風味會更加濃郁。

A 葡萄乾杏桃醬年輪捲麵糊
[Saucisson au Pain Velu]

材料（6條的份量）

蛋黃*¹……240g
細砂糖A……250g
檸檬糊……60g
奶油*²……350g
高筋麵粉
（日清製粉「傳奇」）……350g
葡萄乾*³……240g
蛋白……420g
細砂糖B……100g

＊1 攪散。
＊2 室溫，打至濃稠乳霜狀。
＊3 稍微泡過熱水後切開，呈粗粒狀。

古典的調配是？

Sucre［砂糖］……175g
Jaunes d'Œufs［蛋黃］……6顆
Zeste de Citron
［檸檬皮屑］……1顆
Beurre［奶油］……175g
Farine［麵粉］……175g
Raisins Secs
［葡萄乾］……120g
Blancs d'Œufs［蛋白］……6顆

作法

❶ 蛋黃、細砂糖A、檸檬糊倒入攪拌碗中，以中速攪拌。進行到步驟④之前，攪拌成含有空氣、又白又輕柔，用打蛋器舀起會黏糊地流下，留下痕跡的狀態。
❷ 奶油倒入調理碗中，用打蛋器大略攪拌。
❸ 在②加上高筋麵粉和葡萄乾，再用木刮刀攪拌均勻。一開始先攪拌麵粉和奶油，麵糊會比較穩定。感覺像是用奶油展開麵粉和葡萄乾般，以木刮刀使用切拌法，細碎的攪拌，整體便容易變均勻。
❹ ①分成4次加入③，每次都充分攪拌。
❺ 蛋白倒入另一個攪拌碗，以高速打發。使其可以留下打蛋器所產生的紋路，同時加入細砂糖B，打發到硬式發泡的程度，舀起時會立起角狀。
❻ ⑤分成4次加入④，每次都充分攪拌。最後攪拌至出現光澤。

B 蘭姆酒淋面
[Glace au Rhum]

材料（容易製作的份量）

蛋白……140g
純糖粉……200g
蘭姆酒
（NEGRITA蘭姆酒）……60g

古典的調配是？

Sucre［砂糖］……125g
Blancs d'Œufs［蛋白］……3顆
Rhum［蘭姆酒］……1匙
＊蛋白攪散。

作法

❶ 所有材料倒入調理碗中，用打蛋器充分混合。

烘烤

作法

❶ 在2個鋪了60×40cm烘焙紙的烤盤分別放上1kg的 A ，用L型抹刀攤開弄平。烘烤時麵糊會膨脹，所以烤盤邊緣內側要空出2.5cm。
❷ 兩烤盤下方再鋪上一個烤盤，用上火210℃、下火190℃的烤爐烘烤12～13分鐘。高溫短時間的烘烤，可以減少水分的流失，烤出濕潤的質地。烤好後，立刻取走烤盤，僅將烘焙紙及蛋糕片基底移到揉麵板上，讓餘熱散去。

組合、裝飾

材料

杏桃果醬（市售品）……適量
粗糖……適量

作法

❶ 將 Ⓐ 從烘焙紙上拿下，橫向放置在揉麵板上。用菜刀縱向切成寬18cm的3等分。1張墊高片基底大小約為40×18cm。

❷ 在工作檯鋪上沾水擰乾的抹布，疊上比麵皮大的烘焙紙，動作①切好的蛋糕片基底，以烤面朝下放置。烘焙紙就不易滑動，也容易捲起。

❸ 用抹刀塗上薄薄一層杏桃果醬。

❹ 在蛋糕片基底靠近身體的這一端，用抹刀橫向劃上幾條線。這樣做便容易捲起。

❺ 使用擀麵棍把跟前的麵皮捲起做出捲芯。

❻ 擀麵棍貼著捲芯，和烘焙紙一起拿起，蛋糕片基底往前推，捲成左右粗細均等的蛋糕捲。

❼ 捲完的部分朝下，用手按壓調整形狀。

❽ 在⑦的表面用刷子塗滿 Ⓑ。

❾ 在烘焙紙上撒滿粗糖，⑧在上面滾動，讓整體表面佈滿粗糖。

❿ 在烘焙紙放上烤網，網眼呈縱向。把⑨橫向放在烤網上，從跟前滾到內側，加上紋路。

⓫ 連同烤網放在烤盤上，放進上火、下火皆180℃的烤爐約4分鐘，讓表面乾燥。

從古典改編成藤生流

{ 葡萄乾杏桃醬年輪捲麵糊 }

㊞ 直接摻入葡萄乾

藤 使用過熱水切碎的葡萄乾

在古典食譜中是直接把葡萄乾摻入麵糊，不過我是把過熱水後變軟的葡萄乾切粗粒再加進麵糊裡。柔軟、細膩一點的粗粒才容易融入麵糊，口感也才會統一。

㊞ 調配檸檬皮屑

藤 調配檸檬糊

調配市售的檸檬糊，取代古典食譜中記載的檸檬皮屑，強調檸檬的風味。此外，生檸檬的香氣有個別差異，所以使用市售品風味比較不會差太多。

㊞ 不加砂糖，直接打發蛋白

藤 加入不易消泡的打發蛋白

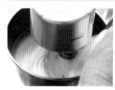

在古典食譜中，砂糖加進蛋黃，蛋白不加砂糖打發，摻入麵糊中。而藤生流的作法是在蛋白裡也加入砂糖，做出氣泡不易破掉、密實的打發蛋白，裝飾穩定的麵糊。

{ 淋面 }

㊞ 加上少量的蘭姆酒

藤 多加一點蘭姆酒

在古典食譜中，蘭姆酒的份量是少少的「1匙」，不過我調配了約材料總量15%的蘭姆酒。另外，我選擇芳醇的NEGRITA蘭姆酒。藉由在麵糊塗滿淋面，強調蘭姆酒的香味。

{ 組合、裝飾 }

㊞ 沒有記載做成香腸形狀的方法

藤 加上紋路想像香腸的樣子

古典食譜中只有寫著「麵皮捲成香腸的形狀」，沒有記載做成香腸形狀的方法。因此，我用烤網加上紋路，表現出香腸的樣子。

Biscuit au Chocolat

[糖霜巧克力蛋糕]

重現『TRAITÉ DE PATISSERIE MODERNE』
的食譜

糖霜巧克力蛋糕

[Biscuit au Chocolat]

Mettre fondre à chaleur douce sur une tourtière 250g chocolat et le mélanger dans une terrine avec 250g beurre ramolli en crème – 125g sucre en poudre et bien travailler avec 2 œufs et 6 jaunes ajoutés successivement. Monter alors 6 blancs bien fermés, les incorporer à la masse, et aussitôt ; 60g farine et 125g amandes brutes hachées très fines, vanille. ❶ Dresser en moules à pains de Gênes beurrés et farinés, puis cuire à four doux 30 minutes environ. ❷ Pour les terminer, abricoter, glacer le dessus à la vanille et masquer le tour avec du sucre en grains. ❸

❶ 麵粉60g、搗得非常細的
　生杏仁125g和香草（加入攪拌）。
❷ 用小火烘烤約30分鐘。
❸ 最後，做杏桃塗層（塗上杏桃果醬），
　在上面淋上香草風味的淋面，
　周圍用珍珠糖覆蓋。

　我最常參考的《近代製菓概論TRAITÉ DE PATISSERIE MODERNE》，記載許多使用巧克力的甜點，「糖霜巧克力蛋糕」也是其中之一。這道甜點最大的魅力是能散發巧克力濃郁豐富的香味以及濕潤的口感。因此，我改編的重點就是襯托出這些特色。

　古典食譜中把切碎的生杏仁加進麵糊裡，我改成用帶皮的杏仁自製杏仁粉，在使用前撒上自製杏仁粉，也能展現出媲美巧克力強烈風味的香氣。在材料的製作手法上我也做些許的修改，減少攪拌的次數，盡量不

要導致消泡，做出質地輕柔、能入口即化的麵糊。另外，比用小火烘烤的古典食譜溫度高一點，能在比較短的時間內烘烤，讓烤出來的蛋糕擁有外層鬆脆芳香、內裡濕潤滑順的口感。塗在上面的果醬和淋面也經過改編。果醬在古典食譜中是用傳統的杏桃，我把它改成有果粒口感，色調鮮豔的覆盆子。淋面裡頭，除了香草也加入櫻桃白蘭地，在高級香甜的味道裡，帶出清爽俐落的風味。藉由乾燒產生的爽口口感也很有魅力。

相對於用小火慢慢烘烤的古典食譜，我用180～190℃這種比古典食譜還要高的溫度，以較短時間烘焙成芳香、濕潤的口感。和櫻桃白蘭地淋面爽口感覺的對比也很有魅力。用高筋麵粉和自製杏仁粉呈現出紮實地咬勁與和諧的風味，使用可可含量約55％的巧克力，展現可可濃郁豐富的滋味。

A 糖霜巧克力蛋糕麵糊
[Biscuit au Chocolat]

材料（口徑12×高2.5cm的熱內亞蛋糕模具4個的份量）

黑巧克力
（嘉麗寶「811 Callets」／
可可含量54.5%）*1……125g
香草英*2……1/2條
奶油*3……125g
全蛋*4……50g
蛋黃*4……60g
純糖粉……65g
蛋白……90g
高筋麵粉
（日清製粉「傳奇」）*5
……30g
杏仁粉（帶皮）*5、6……65g

*1 隔水加熱融解，溫度控制在28～29℃。
*2 從香草英中取出香草籽，僅使用
　香草籽的部分。
*3 奶油恢復常溫和香草籽加在一起，用打蛋器打至濃稠乳霜狀。
*4 標記4之材料加在一起攪散。
*5 標記5之材料加在一起過篩。
*6 把生杏仁做成自製杏仁粉。

{ **古典的調配是？**

Chocolat
[巧克力]……250g
Beurre [奶油]……250g
Sucre en Poudre
[細砂糖]……125g
Œufs [全蛋]……2顆
Jaunes d'Œufs
[蛋黃]……6顆
Blancs d'Œufs
[蛋白]……6顆
Farine [麵粉]……60g
Amandes Brutes Hachées très Fines
[搗得很碎的生杏仁]……125g

作法

❶ 在已隔水加熱溶解至28～29℃的黑巧克力中，加入香草籽，再分兩次倒入打成濃稠乳霜狀的奶油。並確保每回加入都用打蛋器攪拌成滑順的狀態。

❷ 在攪拌碗中加入全糖粉，以及攪開的全蛋和蛋黃，以中速攪拌。持續攪拌至含有空氣，又白又濃的狀態。

❸ 和②的作業同時進行，蛋白倒入另一個攪拌碗，打發至含有空氣，變成鬆軟的質感。不加砂糖會比較快起泡，注意不要打發過度導致分離。

❹ 用橡膠刮刀把①攪拌到變得滑順，和②加在一起，加上過篩的高筋麵粉、杏仁粉和③，用橡膠刮刀從底部舀起來，大略攪拌至出現光澤，避免攪拌不均。

B 覆盆子果醬
[Confiture de Framboise]

材料（口徑12×高2.5cm的熱內亞蛋糕模具8個的份量）

覆盆子果醬……50g
水……50g
麥芽糖……50g
細砂糖*……100g
果膠*……5g
覆盆子（冷凍、細碎）……50g
*混合。

{ **古典的調配是？**

Fruits Epluchés
[去皮的水果]……500g
Sucre [砂糖]
……375g或500g

＊原文中沒有關於水的記述，以調配砂糖的4分之1～3分之1份量（在此約為90～125g或是約125～165g）為適當的份量。

作法

❶ 覆盆子果醬、水、麥芽糖、混合的細砂糖和果膠倒入鍋中用中火烘烤，然後用打蛋器大略攪拌一下。

❷ 不時用打蛋器攪拌，沸騰時別讓鍋底燒焦。熬煮到氣泡變小，出現黏性。

❸ 加入覆盆子攪拌至稍微沸騰。

❹ 離火移到調理碗中，用保鮮膜貼緊，放進冰箱靜置一晚。

C 櫻桃白蘭地淋面
[Glace au Kirsch]

材料（口徑12×高2.5cm的熱內亞蛋糕模具4個的份量）

純糖粉……100g
櫻桃白蘭地……25g
香草糊……1g
糖漿（波美30度）……適量

作法

❶ 純糖粉和櫻桃白蘭地倒入調理碗中，用橡膠刮刀充分混合成滑順的狀態。

❷ 加入香草糊攪拌。

❸ 加入少量糖漿，變成用橡膠刮刀舀起會黏稠地流下的質地。在「裝飾」的作業中淋面會漸漸變硬，因此盡量不要調配的過於濃稠，才比較容易進行裝飾。

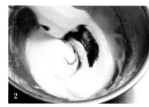
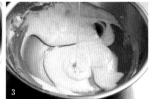

烘烤

作法

❶ 在直徑12×高2.5cm的熱內亞蛋糕模具噴上烤盤油（額外份量），底部鋪上烘焙紙。

❷ 於每個模具①中分別倒入140g的 Ａ，將沾濕的抹布至於工作檯上，拿模具輕輕敲打，把表面弄平，擠出麵糊裡多餘的空氣。

❸ 放在烤盤上，用上火、下火皆為180～190℃的烤爐烘烤約25分鐘。

❹ 烤好後，在鋪了烘焙紙的揉麵板上把③的烘烤面朝下放置。並取下模具，讓其置於烘焙紙上冷卻。

裝飾

材料（口徑12×高2.5cm的熱內亞蛋糕模具1個的份量）

粗糖……適量

作法

❶ 烘焙過後的 Ａ 放涼以後，拿掉烘培紙。

❷ 在①的上面，用抹刀塗上約35g的 Ｂ。

❸ 在②的上面中央倒上大約30g的 Ｃ，用刷子塗滿整體。

❹ 在蛋糕體側面下方邊緣沾上粗糖。

❺ 在烤盤上放烤網，並將④置於烤網上，以上、下火皆為180～200℃的烤爐烘烤1分30秒～2分鐘，目的為使表面乾燥。可觀察滴到烤盤上的櫻桃白蘭地淋面，若開始出現咕嘟咕嘟地冒泡，就可以將蛋糕從烤箱取出。如果讓蛋糕上的淋面烤到沸騰的話，周邊的粗糖顆粒會融化，讓蛋糕呈現黏糊糊的狀態，需多加注意。

從古典改編成藤生流

{ 糖霜巧克力蛋糕麵糊 }

古 杏仁弄碎調配

藤 使用自製杏仁粉

在古典食譜中，使用搗得很碎的生杏仁，不過我是把帶皮生杏仁做成自製杏仁粉來使用。使用自製杏仁粉，可以充分展現出杏仁強勁的香氣，而不會被黑巧克力的濃郁蓋過。由於杏仁磨碎後容易出油，可以將顆粒盡量磨得粗一點，不過還是要比剁碎的杏仁細緻，這樣口感也會有所提升。

古 材料依序加入攪拌

藤 材料同時混合，減少攪拌的次數

在古典食譜中，巧克力和奶油混合後，全蛋、蛋黃、砂糖和打發的蛋白依序加入攪拌，最後才加入麵粉。而我是先將部分材料加在一起，最後同時進行混合，藉此減少攪拌的次數，就能擁有入口即化的輕柔麵糊。此外，由於能購快速地作業，巧克力的溫度不會下降，能保持在容易攪拌的狀態。但是，為了利用攪拌時產生的氣泡，全蛋、蛋黃和純糖粉攪拌結束後，蛋白攪拌結束也要在同一時間，事先做好準備非常重要。

{ 櫻桃白蘭地淋面 }

古 香草風味的淋面

藤 加上櫻桃白蘭地更添清爽

古典食譜中有段話是「上面淋上香草風味的淋面」，但詳細作法並未記載。我在調製香草風味的淋面時，加入了櫻桃白蘭地，製造出清爽俐落的味道。一般來說淋面醬是純糖粉和水混合，不過我用櫻桃白蘭地取代水，再加上香草糊。此外，考量到好塗與否，要加上少量糖漿，做成比一般的淋面更滑順一點，再用烤箱烤1分30秒～2分鐘，表現出爽脆的口感。

{ 裝飾 }

古 使用杏桃果醬

藤 換成覆盆子果醬

古典食譜中，塗在上面的果醬是傳統的杏桃口味，不過我換成比杏桃的酸味與甜味更強烈的覆盆子，以表現獨創性。藉由果粒口感也表現出妙趣。透過櫻桃白蘭地淋面看見的紅色色調也是外觀的強調重點。

Carrés
Pistache

[開心果方塊蛋糕]

重現 『 LA PÂTISSIÈRE DE LA CAMPAGNE ET DE LA VILLE 』
的食譜

開心果方塊蛋糕

[Carrés Pistache]

Faire une pâte à la main avec 500gr. de farine, 300gr. de beurre, 200gr. de sucre, 250gr. de poudre d'amandes, 50gr. de sucre vanille, 4 œufs. La faire reposer au frais; faire deux abaisses semblables, un peu épaisses, ❶ les mettre sur plaques beurrées, les piquer et les cuire à four moyen. Étendre sur l'une d'elles une pâte faite avec 125gr. de pistaches, 125gr. d'amandes, 250gr. de sucre et un peu de sirop; ❷ couvrir avec l'autre abaisse; appuyer dessus pour bien les coller. Découper en carrés et poudrer. ❸ Si les abaisses étaient fraiables les mettre à la cave avant de détailler.

❶ 用擀麵棍將麵團延展開來，
　做出兩片稍微有厚度的麵皮，
　當作蛋糕體基底。
❷ 在其中一片蛋糕體基底上，
　平均鋪開由開心果125g、杏仁125g、
　砂糖250g及少量糖漿製作成的內餡。
❸ 切成正方形，撒上糖粉。

　這是在《LA PÂTISSIÈRE DE LA CAMPAGNE ET DE LA VILLE》裡頭的食譜。我在閱讀時，發現裡面使用生開心果粉，這一點激起了我的好奇，而這大概就是我想要重現這道甜點的起因。在反覆嘗試的結果下，我將開心果磨成粉，進行大幅度的改編，製作出主打開心果顏色與風味的獨創甜點。

　在古典食譜中，用2片烤好的香草風味奶油酥餅型蛋糕體基底，夾住用開心果、杏仁、砂糖、糖漿做成的內餡。因此，我把開心果、杏仁、麵粉和細砂糖加在一起磨成粉狀，將雞蛋和奶油調製成口感溫和的阿帕雷醬，滿滿地塗在我獨創的蛋糕體基底上，進行烘烤。這樣更能強調開心果的顏色和風味。獨創的蛋糕體基底配方上減少了麵粉的使用，增加奶油的份量，可以做出濕潤柔軟的口感，追求與阿帕雷醬口感的一致性。最後，以杏仁酥粒作為裝飾，能表現出開心果酥脆的口感，更加突現出甜點的重點。把糖粒著色成可以令人聯想到開心果的綠色，從外觀就能確實傳達這道甜點的重點味道。

大幅度變更古典食譜的配方與步驟，呈現出這道甜點的門面——開心果，成為自成一格的一道甜點。不同於古典食譜中所強調的鬆脆蛋糕，我更傾向調整為濕潤柔滑的口感，在獨創的蛋糕體與阿帕雷醬之間，加入混合的杏桃果醬和糖漬蘋果作為內餡，讓味道呈現出不同的層次及深度。

A 開心果方塊蛋糕麵糊
[Carrés Pistache]

材料（5×5cm的正方形24個的份量）

奶油*1……60g
純糖粉……60g
鹽……1撮
全蛋*2……50g
杏仁粉……62.5g
高筋麵粉
（日清製粉「傳奇」）……62.5g

＊1 室溫，打至濃稠乳霜狀。
＊2 攪散。

> **古典的調配是？**
>
> Farine [麵粉]……500g
> Beurre [奶油]……300g
> Sucre [砂糖]……200g
> Poudre d'Amandes
> [杏仁粉]……250g
> Sucre Vanille
> [香草糖]……50g
> Œufs [全蛋]……4顆

作法

❶ 奶油倒入調理碗中，用打蛋器攪拌。

❷ 純糖粉和鹽巴同時加入①，須注意別讓純糖粉飛散，要從中心慢慢地往外側旋轉攪拌。

❸ 全蛋分3次加入，每次都要充分攪拌至滑順的狀態才可以。

❹ 將杏仁粉一次全部加入攪拌均勻。

❺ 加入高筋麵粉，用刮板攪拌。使用刮板進行。攪拌時用切拌法，一邊轉動調理盆，一邊像切割般攪拌，直到粉狀消失，所有材料都融為一體，能從底部舀起來。

❻ 在32×22×高4cm的蛋糕框底部鋪上保鮮膜，然後放在揉麵板上，加入⑤，並用刮板把表面刮平，厚度要均勻一致，再放進冷凍庫冰到凝固。

B 阿帕雷開心果醬
[Appareil Pistache]

材料（5×5cm的正方形24個的份量）

◎特製粉……混合後取250g
　細砂糖……500g
　高筋麵粉
　（日清製粉「傳奇」）……125g
　杏仁
　（去皮，馬可納杏仁）……500g
　開心果……125g
蛋白……70g
蛋黃*1……60g
櫻桃白蘭地*2……10g
苦杏仁油*2……5g
色素（綠色）*2……適量
奶油*3……40g

＊1 攪散。
＊2 混合。
＊3 融化，將溫度調整至約50℃。

> **古典的調配是？**
>
> Pistaches [開心果]……125g
> Amandes [杏仁]……125g
> Sucre [砂糖]……250g
> Sirop [糖漿]……少量

作法

❶ 製作特製粉。細砂糖、高筋麵粉、杏仁、開心果加在一起，用滾輪碾壓，變成粉狀。

❷ 蛋白倒入調理碗中，用打蛋器打發至含有空氣，變成鬆軟的質感。因為不加砂糖會很快起泡，所以得注意不要打發過度而分離。

❸ 在②同時加入250g的①，用橡膠刮刀攪拌。不要弄破氣泡，大略快速地攪拌，大致混合即可。

❹ 在③同時加入蛋黃攪拌，在攪拌完之前，加入混合的櫻桃白蘭地、苦杏仁油、色素，攪拌到整體均勻。

❺ 在④加入奶油，須注意奶油是否有完全拌入，攪拌到能從底部舀起來。

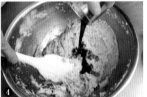

C 糖衣杏仁
[Praline d'Amande]

材料（容易製作的份量）

糖漿（波美30度）……125g
色素（綠色）……適量
杏仁（去皮）*……500g

＊切碎。

作法

❶ 糖漿倒入調理碗中，加入色素攪拌。

❷ 杏仁倒入另一個調理碗，加入①用橡膠刮刀攪拌。

❸ ②在烤盤上攤平，用上火、下火皆約120℃的烤爐烘烤至整體乾燥。烘焙期間，若杏仁表面乾燥，就需要進行攪拌（大約4次）。

組合、烘烤、裝飾

材料（5×5cm的正方形24個的份量）
杏桃果醬A（市售品）……150g
糖漬蘋果（市售品）……50g
杏桃果醬B（市售品）……適量

作法
❶ 將 A 連同蛋糕框倒過來放在揉麵板上，撕掉保鮮膜。
❷ ①再次翻過來，放在鋪了烘焙紙的烤盤上。
❸ 杏桃果醬A和糖漬蘋果倒入調理碗中，用橡膠刮刀攪拌均勻。
❹ 在②放上③，並用刮板將③均勻平整延展開來。
❺ 在④倒入 B ，用刮板把表面刮平，攤成厚度均勻。
❻ 用160℃的對流烤箱烘烤約30分鐘。由於蛋糕麵糊需要充分烘烤，所以以較低的溫度長時間烘烤。
❼ 烤好後，連同烘焙紙放在揉麵板上。
❽ 在⑦放上另外一個揉麵板，將整體上下翻轉過來。取下翻轉後上方的揉麵板，揭下烘焙紙。
❾ 以同樣方式將揭下烘焙紙的蛋糕體，上下翻轉回來（烘烤面朝上）。再以水果刀輕輕插入蛋糕框內側，將蛋糕框取下。
❿ 杏桃果醬B倒入鍋中，加入水（額外份量）稍微熬煮。
⓫ 趁⓾還熱的時候，在⑨的上面用刷子塗上⓾。
⓬ 用波刃麵包刀切下4邊較硬的部分，切成5×5cm。
⓭ 分別在中央放上適量的 C 。

從古典改編成藤生流

{ 開心果方塊蛋糕麵糊 }

㊀ 鬆脆口感的蛋糕體

㊤ 濕潤柔軟的蛋糕體

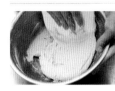

在古典食譜中，是呈現像奶油酥餅的蛋糕體，而我使用的麵粉份量比古典食譜還要少，並增加奶油的量，做出濕潤柔軟的口感。這樣一來，與輕柔的阿帕雷醬便會產生一體感。另外，為了強調開心果的風味，便省去古典食譜中的香草糖。

{ 阿帕雷開心果醬 }

㊀ 使用以堅果為主體的糊狀物

㊤ 換成滑順的阿帕雷醬

之所以想重現這道甜點，是因為我覺得使用開心果粉很有趣。在古典食譜中，雖然使用開心果、杏仁、砂糖和糖漿做成的糊狀物，不過若是考慮到要將開心果的風味與顏色表現到極限，我覺得加了打發蛋白、口感溫和的阿帕雷醬更為合適。為了提升堅果的香味，我還加上苦杏仁油，也添加了綠色色素，強調出開心果的顏色。

{ 組合 }

㊀ 用2塊蛋糕體夾住糊狀物

㊤ 阿帕雷醬和蛋糕體重疊

在古典食譜中，是用2塊蛋糕體夾住糊狀物，不過我為了活用開心果的顏色，將蛋糕體疊上阿帕雷醬烘焙而成。此外，在蛋糕體和阿帕雷醬中間，加入混合的杏桃果醬和糖漬蘋果的內餡。酸甜的風味襯托出開心果芳香的滋味，變成有深度的口感，也能呈現濃厚韻味，表現出層次的美感。

{ 裝飾 }

㊀ 撒上糖粉

㊤ 用糖衣杏仁當裝飾

古典食譜中以撒上糖粉作為收尾，而我則是在表面刷上杏桃果醬之後，用裹上綠色糖衣的杏仁當成裝飾。藉由果醬來增添酸甜滋味與光澤，再用糖衣杏仁點綴外觀，也更能加強口感。

Gâteau Mexicain

[古典巧克力塔]

重現『TRAITÉ DE PATISSERIE MODERNE』
的食譜

古典巧克力塔

[Gâteau Mexicain]

Foncer des moules à manqués en pâte sucrée, garnir le fond d'une mince couche de confiture d'abricots ❶ ; d'autre part, mettre dans une terrine : 250g amandes en poudre–150g sucre en poudre–250g couverture chocolat râpée et travailler avec 2 œufs et 16 jaunes, ajouter 7 blancs montés soutenus avec 50g sucre semoule.
 Garnir les moules avec cet appareil, saupoudrer la surface avec du chocolat granulé et saupoudrer à nouveau de chocolat râpé. ❷ Cuire à four très doux. ❸ Se vend attaché avec une faveur.

❶ 在圓形模具鋪上甜塔皮，
　並在底部塗上薄薄一層杏桃果醬。
❷ 細顆粒狀的巧克力撒在表面上，
　此外，再撒上削過的巧克力。
❸ 用極小的火烘烤。

塞滿巧克力配料烤成的塔派型烘培點心。一般作法是將融化巧克力與其他材料加在一起，不過在《近代製菓概論TRAITÉ DE PATISSERIE MODERNE》中，是摻入磨成細屑的巧克力，這點我覺得很有趣。融化巧克力摻入的配料，巧克力會和其他材料融合在一起，所以味道與口感濃郁緊緻。而如果是使用磨成細屑的巧克力時，巧克力沒有完全和其他材料混合，而是均勻分布在蛋糕體內，所以味道、口感都比較清淡，不過口感卻仍然可以保持濕潤，充分表現出可可的風味。因此，我在不改變基本調配方式之下，一面發揮古典的魅力，一面挑選材料來進行改編。

使用能表現鬆軟口感的高筋麵粉，呈現出小麥的風味，然後挑選可可含量約55%的黑巧克力，烘烤後也能感受到可可的濃郁。另外，古典食譜是在麵團底部塗上杏桃果醬，而我則是使用水果味與酸味強烈的醃漬杏桃取代，再加上果肉的咬勁強調存在感。雖然樸素卻是將各部分的滋味結合在一起的一道甜點。

古典甜塔皮的斷面是白色，充分烘烤後，具有咬勁。配料適度地留下氣泡，烤成濕潤的口感。

改編成
半生烘焙甜點！

在店頭以長徑7×短徑6×高2cm的橢圓形販售。底座的甜塔皮換成奶油比例較多，入口即化的巧克力油酥塔皮。在麵團底部鋪上酸甜的覆盆子果醬，為整體的味道增添清爽感。用牛奶巧克力和黑巧克力這2種巧克力碎片裝飾，強調外觀與口感。

A 葡萄酒甜塔皮
[Pâte Sucrée Ordinaire]

材料（口徑12×高3cm圓形模具3個的份量）

奶油＊¹……50g
純糖粉……65g
全蛋＊²……35g
高筋麵粉
（日清製粉「傳奇」）……165g
牛奶……適量

＊1 室溫，打至濃稠乳霜狀。
＊2 攪散。

> **古典的調配是？**
>
> Farine［麵粉］……500g
> Sucre en Poudre
> ［細砂糖］……200g
> Beurre［奶油］……150g
> Œufs［全蛋］……2顆
> Lait［牛奶］……少量

作法

❶ 奶油倒入調理碗中，加上純糖粉一起攪拌。

❷ 全蛋分2次加入，每次都用打蛋器攪拌成滑順的狀態。

❸ 加上高筋麵粉，一邊轉動調理碗，一邊用刮板攪拌到能從底部舀起來。高筋麵粉比低筋麵粉更容易形成麩質，麩質愈多麵團就愈硬，所以不需要進行搓揉，大致將材料混合在一起就可以了，留有些許粉末也沒關係。

❹ 加入少量牛奶，攪拌到沒有粉末且能從底部舀起來。由於奶油調配得較少，所以用牛奶調整麵團的硬度。

❺ 弄成一團，用保鮮膜包好。

❻ 用手掌調整成厚1cm。放進冰箱靜置一晚。

B 配料
[Garniture]

材料（口徑12×高3cm圓形模具3個的份量）

純糖粉……40g
杏仁粉（帶皮）＊¹……65g
黑巧克力
（嘉麗寶「811」，塊狀）
／可可含量54.5%＊²……65g
蛋白……60g
細砂糖……15g
全蛋＊³……25g
蛋黃＊³……80g

＊1 把生杏仁做成自製杏仁粉。
＊2 用削皮器磨成細屑。
＊3 加在一起攪散。

> **古典的調配是？**
>
> Amandes en Poudre
> ［杏仁粉］……250g
> Sucre en Poudre
> ［細砂糖］……150g
> Couverture Chocolat Râpée
> ［磨成細屑的巧克力］……250g
> Œuf［全蛋］……2顆
> Jaunes d'Œuf［蛋黃］……16顆
> Blancs d'Œuf［蛋白］……7顆
> Sucre Semoule
> ［微粒細砂糖］……50g

作法

❶ 在製作Ⓑ的作業之前不妨進行「組合」（第25頁）的步驟①～⑤。純糖粉、杏仁粉、黑巧克力倒入調理碗中，用橡膠刮刀攪拌。

❷ 蛋白倒入另一個調理碗，用打蛋器將蛋白打發。同時加入細砂糖，打發到硬式發泡的程度，舀起時會立起角狀。攪拌時加上細砂糖，氣泡會更細，呈現紮實的質感。

❸ 加在一起攪開的全蛋和蛋黃加入①，用打蛋器攪拌到整體融在一起。

❹ ②加入③，用橡膠刮刀大略攪拌到能從底部舀起來。快速攪拌，不要使蛋白消泡。

組合、烘烤

材料（口徑12×高3cm圓形模具3個的份量）
醃漬杏桃（5mm丁塊，市售品）……90g
黑巧克力（嘉麗寶「811」，塊狀／可可含量54.5%）*……適量
＊準備用削皮器磨成細屑，和切粗粒的黑巧克力。

作法
❶ Ａ放在撒上手粉（額外份量）的工作檯，用擀麵棍將塔皮延展為厚度3mm，再切成比圓形模具大兩圈的圓形。
❷ 在圓形模具內側塗上奶油（額外份量），鋪上①。一邊轉動模具，一邊讓塔皮確實貼緊模具，別讓空氣進入。
❸ 在塔皮底部戳洞。
❹ 用湯匙在每個塔皮上倒入約30g醃漬杏桃，塗抹均勻。
❺ 用水果刀切掉從模具擠出的多餘塔皮。由於是麵粉比例較多的塔皮，因此保型性很高，就算沒有冷卻，也不用擔心無法塑形，就這樣置於常溫下即可。
❻ 分別在⑤加入110g的Ｂ。
❼ 用濾茶網在表面鋪上一層磨成細屑的黑巧克力。
❽ 撒上切粗粒的黑巧克力。也可以不灑或撒上巧克力碎片取代切粗粒的黑巧克力，不論在外觀、風味與口感上都有不同的印象。
❾ ⑧放在烤盤上，用上火、下火皆180℃的烤爐烘烤約30分鐘。取下烤盤，再烘烤約15分鐘。
❿ 烤好後置於常溫下，待餘熱散去，再取下模具。

從古典改編成藤生流

{ 葡萄酒甜塔皮 }

㊉ 未指定麵粉種類

㊠ 使用高筋麵粉

在古典食譜中，沒有關於麵粉種類的記述，而我將麵粉與奶油的比例調整在3分之1以下，是麵粉比例較高的配方。當時，法國視為主流的麵粉是高筋麵粉。所以我選擇剛剛好能產生鬆脆口感，以及充分表現小麥風味的日清製粉「傳奇」。

{ 配料 }

㊉ 未記載杏仁粉的細節

㊠ 把帶皮杏仁做成自製杏仁粉

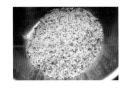

在古典食譜中，關於杏仁粉並未詳細記載。我想表現不輸黑巧克力存在感的杏仁風味，將帶皮杏仁做成自製杏仁粉用來調配。杏仁磨細會出油，所以要磨得粗一點。

{ 組合 }

㊉ 使用果醬

㊠ 使用切細的醃漬杏桃

在古典食譜中，在麵皮底部塗上薄薄一層杏桃果醬，不過我是使用市售的醃漬杏桃。我挑選了把水果乾煮收汁，糖漬後切成5mm丁塊，梅原公司的「杏桃切片5mm」。水果味與酸味強烈，不僅不輸濃郁的巧克力風味，果肉也成了口感的強調重點。另外，與流動性高、容易和配料融合的果醬相比，能強調存在感也是挑選醃漬杏桃的理由。

{ 烘烤 }

㊉ 用極小的火烘烤

㊠ 以180℃進行兩階段烘烤

在古典食譜中，是「用極小的火烘烤」。古典的「小火」可以想像成150～160℃，不過我是用上火、下火皆180℃烘烤。但是我的作法是連同模具放在烤盤上先烘烤30分鐘，再取下烤盤烘烤15分鐘。這種作法不會使塔皮太硬，也能呈現出鬆脆的口感。雖然麵粉比例較高的塔皮不易烘烤，但是若將烤盤一直放在底部持續烘烤的話，就會讓塔皮變得黏膩不爽口；而一開始如果不放在烤盤上，直接烘烤的話，則是會變成較硬的口感。

Financières

[費南雪]

重現『 *LE RÉPERTOIRE DE LA PÂTISSERIE* 』
的食譜

費南雪
[Financières]

Tamiser ensemble 250gr. de poudre d'amandes, 125gr. de sucre, 125gr. de fécule, 25gr. de sucre vanille, ❶ mélanger le tout à la spatule dans 6 blancs montés. Garnir pleins à la poche des petits moules à savarin beurrés et passés dans des amandes hachées fines. ❷ Cuire à four moyen. ❸ Dose pour 18.

❶ 杏仁粉250g、砂糖125g、太白粉125g、香草糖25g一起過篩。
❷ 麵糊裝進擠花袋，在小型薩瓦蘭蛋糕模塗上奶油，撒滿搗碎的杏仁，然後在蛋糕模擠滿麵糊。
❸ 用中火烘烤。

　　蛋白、砂糖、杏仁粉、麵粉加在一起，再加上焦化奶油，是費南雪一般的食譜。然而，古典食譜《LE RÉPERTOIRE DE LA PÂTISSERIE》裡頭記載的費南雪不加奶油，而是把滿滿的杏仁粉、砂糖與太白粉等，和打發的蛋白混合。我對於會烤成如何很有興趣，在重現時做成了有溫和杏仁香味和輕柔口感的香甜甜點。白色外觀也有全新感受，用小型薩瓦蘭蛋糕模烤成的可愛形狀也令人喜愛。這時，加上我自己的改編，為了和一般食譜製作的費南雪有所區別，我命名為「Financières（費南雪）」並做成商品。

　　講究之處在於將杏仁風味發揮到極限，並做出濕潤的口感。在古典食譜中是將蛋白打發以後再和其他材料加在一起，不過我的作法和目前市面上的費南雪一樣，進行攪拌後，呈現出濕潤的口感，此外再加上古典食譜中所沒有的融化奶油。奶油的香味與層次能襯托出杏仁的美味。另外，白色外觀也是講究之處。以較低的溫度烘焙時不要烤到變色，最後撒上滿滿的香草糖。

不含有太多空氣，做出密實濕潤的質感。使用太白粉取代麵粉，是做成輕柔口感的重點。將細砂糖、純糖粉以及乾燥後磨碎的香草莢，攪拌後製作而成的香草糖，灑滿在剛烤好的蛋糕體上，藉由蛋糕體的熱氣使部分砂糖融化滲入蛋糕體，就能增加甜味。

A｜費南雪麵糊
[Financières]

材料（口徑5cm薩瓦蘭蛋糕模22個的份量）

蛋白*1……115g
杏仁糖粉*2……185g
太白粉……60g
香草莢*3……1/4條
香草油*4……10滴
奶油*4……60g

＊1 攪散。
＊2 用Marcona生杏仁自製杏仁粉，
　　和細砂糖以1：1比例混合。
＊3 從香草莢中取出香草籽，
　　僅使用香草籽的部分。
＊4 融化，並維持約50℃。

古典的調配是？

Poudre d'Amandes
［杏仁粉］……250g
Sucre［砂糖］……125g
Fécule［太白粉］……125g
Sucre Vanille
［香草糖］……25g
Blancs d'Œufs Montés
［打發的蛋白］……6顆

作法

❶ 蛋白、杏仁糖粉、太白粉、香草莢、香草油倒入調理碗中，用打蛋器
充分攪拌到沒有粉末且滑順的狀態。從中心往外側攪拌，像是捲入粉類一
般，打蛋器以漩渦的方式移動，會比較容易混合均勻。
❷ 加入奶油攪拌。

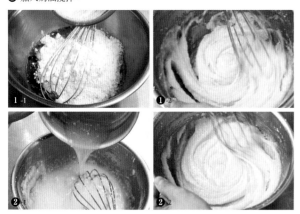

烘烤、裝飾

材料（口徑5cm薩瓦蘭蛋糕模22個的份量）

細砂糖*1……適量
純糖粉*1……適量
香草莢*1、2……適量

＊1 混合。
＊2 豆莢乾燥，弄碎。

作法

❶ 先將直徑5cm的薩瓦蘭蛋糕模不留間隙地排在烤盤上，噴灑烤盤油
（額外份量）。
❷ A 裝進擠花袋，在①從邊緣擠到1～2mm的高度。
❸ 等間隔地將蛋糕模排在烤盤上，注意不要排列過於緊密。
❹ 有深度的烤盤（高約4cm）倒過來然後放上③，用上火、下火皆為
180℃的烤爐烘烤約20分鐘。
❺ 烤好後立刻取下蛋糕模，上下反過來，排在鋪了烘焙紙的揉麵板上。
❻ 混合的2種砂糖與磨碎的香草莢用濾茶網滿滿地撒上蛋糕體。

從古典改編成藤生流

{ 費南雪麵糊 }

⑤ 使用杏仁粉

⑱ 使用杏仁糖粉

雖然在古典食譜中使用杏仁粉，不過我調配的自製杏仁糖粉，更容易與其他材料融合。用於杏仁糖粉的杏仁粉，是把Marcona生杏仁做成自製杏仁粉。在使用前製成粉，能強調杏仁的風味和濕潤的口感。

⑤ 不使用奶油

⑱ 添加融化奶油

在古典食譜中，只有含有杏仁的部分提供油脂，不過我添加融化奶油，一面強調濕潤的口感，一面散發微微的奶油香味。我將融化奶油與杏仁糖粉混合，減少杏仁粉的量，並調整油脂部分。

{ 烘烤 }

⑤ 用中火烘烤

⑱ 藉由烘烤的工夫烤成白色

在古典食譜中，關於烘烤只有記載「用中火烘烤」。雖然推測中火是200℃上下，不過我想把整體烤成純白色，所以上火、下火皆調成180℃，在排了麵糊的烤盤底下放置另一個有深度的烤盤，火候就會變柔和。

{ 裝飾 }

⑤ 黏上搗碎的杏仁

⑱ 撒滿香草糖

古典食譜中在模具撒滿搗碎的杏仁，然後擠上麵糊烘烤，藉此強調杏仁的風味與口感。而我使用的方法，是想讓大家品嘗到由杏仁表現出來的紮實感與層次。另外，烤好後立即撒滿香草糖，增添甜味與香草高級的香味。從純白色外觀也能令人聯想到濕潤的蛋糕體。

Gâteau Cendrillon

[仙杜瑞拉蛋糕]

重現『 LA PÂTISSIÈRE DE LA CAMPAGNE ET DE LA VILLE 』
的食譜

仙杜瑞拉蛋糕

[Gâteau Cendrillon]

Mélangez dans une terrine, en les ajoutant successivement, 100 grammes de farine très fine, 100 grammes de sucre en poudre très fin, une pincée de sel, 60 grammes de bon chocolat râpé et trois jaunes d'œufs; ❶ travaillez le tout jusqu'à ce que le mélange soit parfait; vous fouettez alors les blancs d'œufs et vous les incorporez à votre appareil. Etendez ensuite cet appareil sur une plaque beurrée légèrement; donnez 2 centimètres et demi à 3 centimètres d'épaisseur, ❷ et faites cuire au four à chaleur modérée. Lorsque la cuisson est achevée, laissez refroidir, puis coupez par bandes de 6 à 8 centimètres de largeur; détaillez ensuite chaque bande par morceaux de 3 centimètres; ❸ masquez chaque morceau avec un mélange à parties égales de sucre en poudre et de chocolat râpé liés avec du blanc d'œuf, faites sécher à l'étuve ou à la bouche du four.

❶ 非常細密的麵粉100g、
　細砂糖100g、
　鹽1撮、磨成細屑的美味巧克力60g
　和蛋黃3顆依序加入，
　在長型烤模之中攪拌。
❷ （倒入麵糊）變成厚2.5～3cm。
❸ 切成寬6～8cm的帶狀，此外，
　每個帶子分別切成3cm。

「Cendrillon」在法語的意思是童話仙杜瑞拉（灰姑娘），為何這道甜點會命名為仙杜瑞拉蛋糕呢？由來並不清楚。使用磨成細屑的巧克力和不使用奶油，這兩點正是製法的重點。雖然在「古典巧克力塔」（第22頁）也有登場，不過使用磨成細屑的巧克力，其實在古典食譜中很常見，比起融化巧克力加進麵糊更能表現輕盈感，另一方面也能展現巧克力濃郁的風味。在重現仙杜瑞拉蛋糕時，我不使用奶油，依舊能夠重現濕潤的口感，細嚼時在口中時，巧克力散發的香氣和麵粉的風味十分融合。另外，除了用細砂糖取代純糖粉，其餘使用和古典食譜相同的材料，加以改編讓這道甜點的魅力更顯著。

首先減少砂糖的份量，取而代之增加巧克力的份量，強調充滿可可感的濃郁滋味。麵粉則挑選美味與香味強烈的高筋麵粉，在強調麵粉風味的同時，也讓Q彈的口感更顯著。除了呈現美麗的外觀外，在加強甜味的皇家糖霜，也加上磨成細屑的巧克力提升整體的可可感。

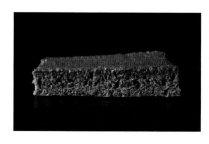

加上融化巧克力的麵糊，滋味與口感濃郁緊緻，不過不加了磨成細屑巧克力的麵糊，可以適度地留下氣泡讓蛋糕體變得輕盈。巧克力的顆粒在口中化開，微微的感受是這道甜點的魅力之一。收尾時，塗上加了磨成細屑巧克力的糖霜，也是這道甜點的特色。

A 仙杜瑞拉蛋糕麵糊

[Gâteau Cendrillon]

材料（8×4cm長方形36個的份量）

高筋麵粉（日清製粉
「法國麵粉」）……200g
純糖粉……100g
細砂糖……100g
黑巧克力（嘉麗寶「811」，
塊狀／可可含量54.5%）*1
……180g
鹽……1.5g
蛋白……180g
蛋黃*2……120g

*1 用削皮器磨成細屑。
*2 攪散。

> **古典的調配是？**
>
> Farine [麵粉] ……100g
> Sucre en Poudre
> [細砂糖] ……100g
> Sel [鹽] ……1撮
> Chocolat Râpé
> [磨成細屑的巧克力] ……60g
> Jaunes d'Œufs [蛋黃] ……3顆
> Blancs d'Œufs [蛋白]
> ……數顆

作法

❶ 高筋麵粉、純糖粉、細砂糖、磨成細屑的黑巧克力、鹽巴倒入調理碗中，用木刮刀將整體攪拌均勻。

❷ 蛋白倒入攪拌碗中，高速打發到含有空氣感、鬆軟的質感。不加砂糖更容易起泡，注意不要過度起泡而產生分離。

❸ ②加入①中，用木刮刀攪拌。因為打發過後質地輕盈、不易混合，所以一開始輕輕地攪動木刮刀，讓粉類與打發的蛋白稍微融合，需注意別使蛋白消泡，大略攪拌到能從底部舀起來的狀態，稍微殘留粉末也沒關係。

❹ 在③加入蛋黃，充分攪拌到呈現光澤。

B 巧克力糖霜

[Glace au Chocolat]

材料（8×4cm長方形36個的份量）

蛋白……39g
細砂糖……60g
黑巧克力（嘉麗寶「811」，塊狀／可可含量54.5%）*……60g
*用削皮器磨成細屑。

作法

❶ 蛋白和細砂糖倒入調理碗中，用橡膠刮刀攪拌到變得滑順。

❷ 加入磨成細屑的黑巧克力，攪拌到變得均勻。

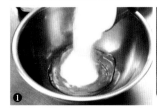

烘烤

作法

❶ 2個43×34×高3cm的烤盤疊在一起。在內側噴灑烤盤油（額外份量），並在底部及側面鋪上烘焙紙。

❷ 將Ⓐ倒入①，用刮板將表面刮至平整。

❸ 用上火、下火皆180℃的烤爐烘烤約20分鐘。

❹ 烤好後，移除烤盤，將蛋糕體連同烘焙紙移到揉麵板等處，讓餘熱散去。

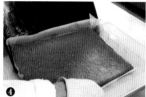

裝飾

作法

❶ 將烘焙好的Ⓐ，烘烤面朝下放在烤盤上，揭下烘焙紙。

❷ 在①的上面塗上Ⓑ，用L型抹刀把B延展得又薄又平。

❸ 放進上火、下火皆約170～180℃的烤爐約4分鐘，烘烤到表面乾燥呈現光澤。

❹ 移到揉麵板等處讓餘熱散去。

❺ 縱向擺放，用波刃麵包刀縱向切成4等分（寬約8cm）。

❻ 橫向擺放，切掉左右邊緣較硬的部分。

❼ 用波刃麵包刀縱向切成寬約4cm，變成約8×4cm。

從古典改編成藤生流

{ 仙杜瑞拉蛋糕麵糊 }

㊄ 麵粉和砂糖等量

㊐ 砂糖是麵粉的一半

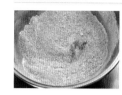

材料基本上與古典食譜一樣，不過砂糖部分是把細砂糖替換成純糖粉，也減少份量。另一方面巧克力增加為約約1.5倍的份量。一邊抑制砂糖的甜味，一邊強調巧克力的風味。

㊄ 摻入麵粉後加上蛋黃

㊐ 麵粉和打發蛋白攪拌後加上蛋黃

在古典食譜中，麵粉、細砂糖、磨成細屑巧克力和鹽巴攪拌後，蛋黃、打發蛋白依序加入。不過，由於這個方法容易形成結塊，所以我將麵粉、純糖粉、磨成細屑巧克力和鹽巴攪拌後，先加入打發蛋白攪拌，之後再摻入蛋黃。麵粉和打發蛋白混合後的滑順狀態，比較容易讓蛋黃融

{ 烘烤 }

㊄ 成形為厚2.5～3cm

㊐ 成形為厚度不到1.5cm

在古典食譜中，雖然是「（倒入麵糊）變成厚2.5～3cm」，不過我烤得比古典麵糊更薄，厚度不到1.5cm。我認為這正是能嚐到Q彈口感的最佳厚度。如果蛋糕體太厚，口感就會黏膩不爽口。

{ 裝飾 }

㊄ 切成6～8×3cm

㊐ 裝飾時約8×4cm

在古典食譜中，烤好的蛋糕體切成長6～8×寬3cm，不過我烤得比較薄，尺寸大一點，大約8×4cm。另外，在古典食譜是切開蛋糕體再塗上巧克力糖霜，用烤箱烤到表面乾燥，不過我為了提升效率，蛋糕體烤好後塗上巧克力糖霜，用烤箱烤到表面乾燥再切開。

Gâteau de Lacam

[茴香酒米粉蛋糕]

重現『 LE RÉPERTOIRE DE LA PÂTISSERIE 』
的食譜

茴香酒米粉蛋糕

[Gâteau de Lacam]

La recette de ce gâteau et due au célèbre pâtissier Lacam, c'est un des praticiens qui ont le plus contribué à élever la pâtisserie à la hauteur d'un art. Voici de quelle manière on confectionne ce délicieux gâteau: Prenez 250 grammes d'amandes douces mondées; pilez-les avec 375 grammes de sucre; ❶ passez au tamis et travaillez ce mélange dans une terrine avec huit jaunes d'oeufs, quatre oeufs entiers, une demi-gousse de vanille râpée, un verre de crème de noyau, un verre de crème d'anisette, et lorsque le tout est bien amalgamé, ❷ on ajoute 180 grammes de farine de riz, 375 grammes de beurre frais fondu et huit blancs d'oeufs fouettés bien ferme; on doit profiter de ce que le beurre est tiède pour bien opérer le mélange de tous ces ingrédients; versez ensuite votre appareil dans un moule à gâteau Solférino; ❸ faites cuire au four à température modérée; glacez avec une glace de sucre à l'anisette. ❹

❶ 去皮的杏仁250g
和砂糖375g一起研磨。
❷ （杏仁、砂糖、蛋黃、全蛋、香草
和杏桃籽的利口酒、茴香酒等）
全部加在一起。
❸ 阿帕雷醬倒入蘇法利諾蛋糕模。
❹ 用茴香酒風味的淋面醬淋上糖衣。

製作許多花飾小蛋糕與甜點，將法式甜點提升到藝術領域的19世紀甜點師傅，皮耶·拉康（Pierre Lacam）設計出這道甜點。在此要介紹的甜點是以《LE RÉPERTOIRE DE LA PÂTISSERIE》刊出的食譜為基礎。最有意思的一點是使用米粉。100多年前米粉就被當成甜點的材料，這點令我十分訝異。蛋糕體非常濕潤，細嚼後，散發茴香香氣的香草系利口酒的茴香酒風味在嘴裡擴散。表面的淋面也添加茴香酒，使味道呈現深度。清爽的口感也成了強調重點。

除了加入米粉能完成濕潤的質感，我想再添加輕盈感，因此在攪拌方式上下了工夫。雖然古典食譜中沒有關於攪拌方式的記載，不過我攪拌材料時，會使麵糊含有許多空氣。此外，形成的氣泡盡量不要弄破，讓整體混合。蛋白與細砂糖不要起泡過多、融化奶油調溫到體溫溫度等，對於和其他材料容易融合的質感與溫度也十分講究。藉由採用經常能快速攪拌均勻的方法，實現輕柔的融化口感。

濕潤、細膩的質感和茴香酒甘甜清爽的氣味，是這道甜點的魅力。茴香酒是以茴香為主，再薰染數種香草和香料等香味的利口酒。我經常在蛋糕體塗上杏桃果醬，再疊上一層淋面醬，不過這道甜點是把茴香酒風味的淋面醬直接塗在蛋糕體上，強調茴香酒的香氣。

A 茴香酒米粉蛋糕麵糊
[Gâteau de Lacam]

材料（口徑16×高5cm花型蛋糕模4個的份量）

全蛋*¹⋯⋯110g
蛋黃*¹⋯⋯80g
細砂糖A⋯⋯150g
杏仁粉⋯⋯125g
香草莢*²⋯⋯1/3條
蛋白⋯⋯140g
細砂糖B⋯⋯38g
奶油⋯⋯188g
茴香酒⋯⋯35g
阿瑪雷托⋯⋯35g
米粉⋯⋯90g

*1 標記1之材料加在一起攪散。
*2 從香草莢中取出香草籽，僅使用香草籽的部分。

> **古典的調配是？**
>
> Amandes [杏仁]⋯⋯250g
> Sucre [砂糖]⋯⋯375g
> Jaunes d'Œufs [蛋黃]⋯⋯8顆
> Œufs Entiers [全蛋]⋯⋯4顆
> Vanille [香草]⋯⋯1/2根
> Crème de Noyaux
> [杏桃籽的利口酒]⋯⋯玻璃杯1杯
> Crème d'Anisette [茴香酒]
> ⋯⋯玻璃杯1杯
> Farine de Riz [米粉]⋯⋯180g
> Beurre [奶油]⋯⋯375g
> Blancs d'Œufs [蛋白]
> ⋯⋯8顆

作法

❶ 在攪拌碗倒入加在一起的全蛋、蛋黃、細砂糖A、杏仁粉和香草籽，用攪拌器以中速攪拌。持續攪拌到含有空氣，整體變得濃厚發白。

❷ 和①的作業同時進行，蛋白倒入另一只攪拌碗，以中速攪拌，打發到含有空氣，變得輕柔。

❸ 在②同時加入細砂糖B攪拌。用打蛋器舀起時，形成角狀，尖角朝下的狀態即可。如果繼續打發至結實，與全蛋、蛋黃和杏仁粉攪拌的麵糊加在一起時便不易融合，導致用橡膠刮刀攪拌的次數增加，使空氣流失，如此一來，烘焙時就無法膨脹得很漂亮。

❹ 奶油倒入鍋中，加熱融解。加上茴香酒和阿瑪雷托，調整為約50℃。

❺ ①移到調理碗，加上④。

❻ 在⑤加入米粉和③，快速地攪拌，一定要攪拌均勻，能用木刮刀從底部舀起來。表面呈現光澤即可。

B 茴香酒淋面
[Glace à L'Anisette]

材料（容易製作的份量）

純糖粉⋯⋯270g
茴香酒⋯⋯約90g

作法

❶ 純糖粉倒入調理碗中，茴香酒加入半量，用橡膠刮刀攪拌。

❷ 整體大致混合後，加上剩餘的茴香酒，攪拌到用橡膠刮刀舀起能一下子流下來的狀態。如果太濃稠，就加入少量的茴香酒調整。

烘烤、裝飾

作法

❶ 奶油（額外份量）塗在模具內側，每個倒入230g的 Ⓐ。

❷ ①排在烤盤上，用上火、下火皆180℃的烤爐烘烤約25分鐘。

❸ 取下烤盤，再烘烤約5分鐘。從下面充分烘烤，烤成漂亮的顏色。

❹ 烤好後，用戴了工作手套的手拍打模具側面，立刻連同模具翻過來放在鋪了烘焙紙的揉麵板上。使用刮刀等取下模具。直接置於常溫下冷卻。

❺ 用手拿起④，從上面中央往外側用刷子塗滿 Ⓑ。注意不要有沒塗到的地方。

❻ 將⑤置於放了烤網的烤盤上，放進上火、下火皆180～200℃的烤爐1分30秒～2分鐘，讓表面乾燥。流到烤盤上的 Ⓑ 開始咕嘟咕嘟地沸騰後，就從烤箱取出。如果烘烤到塗在蛋糕體上的 Ⓑ 沸騰的話，凝固的 Ⓑ 一旦融化，成品就會變得黏糊糊的，因此要特別注意。

從古典改編成藤生流

{ 茴香酒米粉蛋糕麵糊 }

㊎ 杏仁和砂糖加在一起研磨

㊐ 使用市售的杏仁粉

在古典食譜中，去皮杏仁和砂糖一起研磨調配，不過我使用了市售的杏仁粉。如果使用自製杏仁粉，杏仁芳香的香味鮮活，成品會更濕潤，不過我想強調的是這道甜點的茴香酒香氣與米粉的輕柔口感，因而刻意挑選市售品。

㊎ 只有記載「充分加在一起」

㊐ 包含許多空氣

古典食譜中寫道，研磨過的杏仁和砂糖、蛋黃和全蛋、香草莢、酒「充分加在一起」，卻未記載是以何種比例加在一起。因此我把全蛋、蛋黃、細砂糖、杏仁粉和香草籽，充分攪拌到含有空氣，整體變得濃厚發白。因為不使用麵粉就不會形成麩質，所以保形性低，如果不用雞蛋紮實地做出輪廓，烘烤時就不會漂亮地膨脹，反會變成乾癟的蛋糕體。

{ 茴香酒淋面 }

㊎ 作法並未詳細記載

㊐ 改編淋面醬

在古典食譜中只有「用茴香酒風味的淋面醬淋上表面，形成糖衣」，並未記載詳細的食譜。因此我用茴香酒取代水，再加上純糖粉製作茴香酒淋面。淋面醬的基本調配是，水和糖粉的比例1：4，若是加上更多水，味道就會太淡。而酒類相較於水，更不易使糖粉溶在裡面，因此酒類和糖粉的比例是1：3，以這個基準來添加。

{ 烘烤、裝飾 }

㊎ 使用蘇法利諾蛋糕模

㊐ 使用花型蛋糕模

在古典食譜中是使用蘇法利諾蛋糕模，是一種在千層派皮填塞卡士達醬，包上泡芙麵糊烘烤的甜點。不過在日本並不是十分普遍，也不容易取得模具，所以採用花型蛋糕模。外觀很可愛，印象也變得很華麗。

Plum Cake

[葡萄乾蛋糕]

重現『 TRAITÉ DE PATISSERIE MODERNE 』
的食譜

葡萄乾蛋糕

[Plum Cake]

Observation. – Les Plum-Cakes, gâteaux d'origine anglaise, fournissent une pâte lourde et serrée mais se conservant assez longtemps, ce qui permet d'en avoir toujours d'avance; la proportion des œufs peut varier de 6 à 12 par 500g de sucre. ❶ (中略): nous conseillons donc, dans la préparation des Plum-Cakes, de ramollir le beurre sans le fondre, d'y mettre ensuite le sucre, puis les œufs (tiédis à l'étuve), les uns après les autres, et de travailler le tout pour faire mousser. ❷ (中略)

Pour éviter que les raisins tombent au fond du moule durant la cuisson, il est préférable de ne pas les faire macérer dans le rhum ❸ : de même pour les fruits.

Plum-Cake(no.2) – 500g sucre – 500g beurre – 125g miel, travaillés à la spatule dans une terrine avec 10 œufs mis successivement, 3g de sel – 5g bicarbonate de soude – 300g raisins de Corinthe macérés dans un peu de kummel et de forte infusion de thé, 650g farine. Four moyen. Moules à plum-cakes avec papier.

❶ 與500g砂糖搭配的雞蛋，
份量可在6～12顆的範圍內自由調整。
❷ 在不會融化的程度讓奶油變軟，
這時摻入砂糖，
再逐一加上（回到常溫的）全蛋，
全部攪拌打發。
❸ 烘烤時特別讓葡萄乾沉到麵糊底部，
葡萄乾最好不要泡在蘭姆酒中。

在《近代製菓概論TRAITÉ DE PATISSERIE MODERNE》，介紹了3種加了蘭姆酒漬葡萄乾的「葡萄乾蛋糕」。每一項都仔細地解說，也有刊出插圖，這點頗有意思。在這當中，我將介紹一款葡萄乾蛋糕，裡面添加了散發紅茶香氣的蒔蘿利口酒。蒔蘿利口酒是以葛縷子為基底的香草系利口酒。呈現出來的風味令人非常印象深刻，在我店裡有販售名叫「Cristal Kummel」的甜點，和法國Guyot公司的蒔蘿利口酒商品名稱相同。

古典食譜的麵糊配方是奶油、砂糖、雞蛋、麵粉幾乎以相同比例的去混合。原本呈現出來就十分美味，因此這個調配比例幾乎沒有變更。改編之處為在麵糊中，加入蒔蘿利口酒和紅茶風味蒔蘿利口酒漬葡萄乾，追求口味上的調和，呈現出更芳醇的風味。另一方面，相對於使用小粒無核葡萄乾，我換成大粒葡萄乾增加份量。古典食譜中沒有記載紅茶與蒔蘿利口酒的具體份量，頂多只是增添風味，不過我將葡萄乾浸泡一整晚，讓它含有水分但不至於沉到麵糊底部，表現出紮實的風味與多汁。麵糊周圍的紙也很有特色。呈鋸齒狀的裝飾，是讓簡單的烘培點心稍微變得華麗的表現手法之一。

浸泡在香氣四溢的格雷伯爵茶萃取液與蒔蘿利口酒中一整晚的大粒葡萄乾，加入的份量比古典食譜更多。麵粉添加具有發黃性質的小蘇打粉，展現樸素獨特的風格特色。

「葡萄乾蛋糕」的食譜有附插圖。雖然在古典食譜中，是使用夏洛特蛋糕模等有高度的模具、或是長方形模具，不過插圖中看起來沒有多高，所以我採用了一般的圓形模具。

A | 紅茶風味蒔蘿利口酒漬葡萄乾

[Raisins de Corinthe Macérés dans un peu de Kummel et de Forte Infusion de Thé]

材料（直徑12×高6cm圓形模具4個的份量）

水……400g
格雷伯爵茶茶葉……25g
葡萄乾＊……200g
蒔蘿利口酒……25g
＊使用大粒葡萄乾。

古典的調配是？
Raisins de Corinthe [柯林托葡萄]……300g
Kummel [蒔蘿利口酒]……少量
Thé [紅茶]＊
＊沒有記載份量。

作法

❶ 水倒入鍋中用大火加熱，沸騰後加入格雷伯爵茶茶葉，立刻關火。蓋上鍋蓋直接靜置約20分鐘。

❷ 將葡萄乾放入調理碗，用濾網過濾①，直接倒入調理碗中。

❸ 在②加入蒔蘿利口酒。

❹ 表面用保鮮膜貼緊，放進冰箱靜置一晚。在加進 B 之前，用篩子確實除去多餘的水分（如圖）。

B | 葡萄乾蛋糕麵糊

[Plum-Cake]

材料（直徑12×高6cm圓形模具4個的份量）

全蛋……275g
蜂蜜……63g
奶油＊……250g
細砂糖……250g
蒔蘿利口酒……25g
鹽……1.5g
小蘇打粉……2.5g
高筋麵粉
（日清製粉「傳奇」）……325g
＊室溫，打至濃稠乳霜狀。

古典的調配是？
Sucre [砂糖]……500g
Beurre [奶油]……500g
Miel [蜂蜜]……125g
Œufs [全蛋]……10顆
Sel [鹽]……3g
Bicarbonate de Soude [小蘇打粉]……5g
Raisins de Corinthe Macérés dans un peu de Kummel et de forte Infusion de Thé [紅茶風味蒔蘿利口酒漬葡萄乾]……300g
Farine [麵粉]……650g

作法

❶ 全蛋與蜂蜜倒入調理碗中，用打蛋器一邊攪拌一邊加熱到約25℃。

❷ 奶油倒入攪拌碗裡，用攪拌器以低速攪拌。

❸ 同時加入細砂糖，持續攪拌到整體融合。

❹ ①分成3次，各以3分之1的份量加入③，每次都以低速攪拌到整體融合。相對於奶油，蛋液調配較多時，包含許多空氣蛋液便容易分離，所以蛋液要先以少量充分融合，盡量縮短整體攪拌的時間，這樣就不易含有空氣。

❺ 一邊加入剩下的①，一邊以中速攪拌。如果在④整體充分混合，剩下的蛋液多少分離也沒關係。在⑦的步驟加上高筋麵粉就會充分結合。

❻ 蒔蘿利口酒、鹽巴、小蘇打粉倒入調理碗中攪拌。小蘇打粉先溶解，再加進麵糊，就能快速充分融合。

❼ 在⑤加入高筋麵粉、⑥、除去水分的 A，一定要攪拌充分，能用橡膠刮刀從底部舀起來。攪拌到整體變得滑順，表面呈現光澤。在步驟⑤多少會產生分離，所以如果這時不確實加在一起，麵糊就會烤成乾巴巴、難以入口的口感。

烘烤、裝飾

作法

❶ 在直徑12×高6cm的圓形模具，噴灑烤盤油（額外份量），並在底部鋪上烘焙紙。剪成約40×9cm帶狀的烘焙紙貼著內側側面。

❷ 在①每次倒入約350g的 B，拿起模具輕輕敲打工作檯，使表面平整。

❸ 用上火、下火皆180℃的烤爐烘烤約50分鐘。表面形成的裂紋烤到稍微變色，用手指按壓時有彈力便是烤好了。

❹ 烤好後，立刻取下貼著烘焙紙的模具放在揉麵板上，讓餘熱散去。

❺ 餘熱散去後，用剪刀把烘焙紙上面剪成鋸齒狀的山形。

從古典改編成藤生流

⎨ 紅茶風味蒔蘿利口酒漬葡萄乾 ⎬

古 使用小粒葡萄乾（無核葡萄乾）

藤 大量加入大粒葡萄乾

在古典食譜中使用的是無核葡萄乾，為希臘原產的小粒、酸味強烈的柯林托葡萄乾。而我則是使用加州產的大粒葡萄乾。大粒葡萄乾能充分吸收紅茶風味蒔蘿利口酒，會更加多汁，與濕潤的麵糊搭配起來十分平衡。而比起古典食譜的葡萄乾與麵糊比例，加入更多葡萄乾，就能呈現出豐富的感覺。

古 蒔蘿利口酒與紅茶頂多增添香氣

藤 充分表現蒔蘿利口酒與紅茶的風味

古典食譜中寫道：「烘烤時要避免讓葡萄乾沉到麵糊底部，所以葡萄乾最好不要泡在蘭姆酒中。」另外，蒔蘿利口酒的部分只有記載少量，由於沒有寫出蒔蘿利口酒與紅茶的正確調配比例，所以可以想像酒類是用來增添香氣而已。另外，我把葡萄乾泡在加了蒔蘿利口酒的紅茶裡一整晚，讓風味充分滲入。不過，葡萄乾只需要浸泡一個晚上，不要含有太多水分，在加進麵糊前，一定要確實除去多餘的水分。除了讓風味更突出，也使麵糊不會分離，烘烤時葡萄乾也不會沉到麵糊底部。

⎨ 葡萄乾蛋糕麵糊 ⎬

古 麵糊中不調配酒類

藤 加入蒔蘿利口酒香味濃郁

在古典食譜中，只使用摻入酒類的葡萄乾，雖然沒有調配在麵糊裡，不過我為了做出香味更濃郁，更濕潤的麵糊，也加了蒔蘿利口酒。與散發蒔蘿利口酒和紅茶香味的葡萄乾謀求調和。

⎨ 裝飾 ⎬

古 烘烤後剪掉圍在周圍的紙

藤 考量效率剪掉周圍的紙

在古典食譜中，只使用摻入酒類的葡萄乾，雖然古典食譜沒有在麵糊裡加入酒類，不過我為了做出香味更濃郁、更濕潤的麵糊，就加了蒔蘿利口酒。蛋糕能散發蒔蘿利口酒和紅茶香味的葡萄乾謀求調和。

Lintzer Tart

［覆盆子林兹塔］

重現『TRAITÉ DE PATISSERIE MODERNE』
的食譜

覆盆子林茲塔

[Lintzer Tart]

Procédé géneral pour la préparation des Lintzer-Tart.– Foncer une série de cercles à flans avec l'une des pâtes ci-dessus indiquées, en tenant le fonçage un peu épais; ❶ garnir l'intérieur du flan, mais aux deux tiers seulement, de confiture de framboises cuites avec leurs pépins. Rioler ensuite la surface, c'est-à-dire former un quadrillage en losanges avec la pâte du fond coupée à la roulette, de la largeur de deux centimètres, ❷ et appliquée sur les bords mouillés; avoir soin de ne pas laisser trace de farine sur le gâteau; piquer au couteau et cuire, sans dorer, à four moyen pendant une demi-heure environ. ❸

❶ 稍微有點厚度再入模。
❷ 用滾輪把麵皮壓扁，切成寬2cm，
　做成菱形的棋盤格狀。
❸ 用小刀戳洞，不要塗上蛋液，用中火烘烤約30分鐘。

　　散發肉桂等香料香味的麵團，和醋栗等果醬加在一起，同一麵團疊成格子狀烤成覆盆子林茲塔。發源於奧地利而廣為人知，這是在德國與法國阿爾薩斯地區也能見到的古典甜點。我在維也納的老店「Heiner」修業時，遇見了這道甜點。在此，我將重現古典食譜中刊出的配方。

　　它最大的魅力在於，散發肉桂清香、有層次的麵團和酸甜果醬的絕妙平衡。我為了更加提高麵團的存在感，把肉桂粉增量為古典食譜的3倍多。不加入膨鬆劑，延展成比古典食譜更薄的4mm厚，烤的顏色淺一點，讓沙沙的口感和濕潤的口感並存。另外，將格子狀麵皮疊上基底麵皮的設計，在古典食譜中格子狀的「窗格」較小，果醬的可見範圍也比較小。不過，我減少麵皮重疊的部分，呈現出華麗且能激起食慾的外觀，並挑選酸味與甜味均衡的覆盆子果醬。果醬所露出的部分在烘烤時會煮乾，留下果醬的甜味，因此要嚴選凝固劑，下點工夫不要減損果實感。形狀也換成四角形的設計，裝飾現代的印象。

改編成
乾花色小蛋糕！

店裡也有販售以覆盆子林茲塔為靈感，使用林茲塔塔皮的乾花色小蛋糕。使用糖粉及加入蛋粉。摻入榛果也增添了酥脆的口感。用覆盆子果醬和淋面醬裝飾，表現出「林茲塔風格」。

A 細肉桂粉林茲塔塔皮
[Pâte à Lintzer Tart Fine]

材料（25×25cm正方形1個的份量）

奶油*¹……150g
細砂糖……62g
粗紅糖……62g
全蛋*²……55g
鹽*²……1g
杏仁粉……125g
高筋麵粉
（日清製粉「傳奇」）*³……250g
肉桂粉*³……5g

＊1 室溫，打至濃稠乳霜狀。
＊2 全蛋攪散，加入鹽巴攪拌。
＊3 加在一起過篩。

> **古典的調配是？**
>
> Farine [麵粉]……500g
> Amandes en Poudre [杏仁粉]
> ……250g
> Sucre [砂糖]……125g
> Cassonade [粗紅糖]……125g
> Cannelle en Poudre Fine
> [細肉桂粉]……3g
> Sel [鹽]……2g
> Beurre [奶油]……300g
> Œufs [全蛋]……2顆
> Carbonate d'Ammoniaque
> [碳酸銨]……4g

作法

❶ 奶油倒入攪拌碗裡，用攪拌器以低速攪拌。

❷ 暫時關掉攪拌器，同時加入細砂糖和粗紅糖，以低速攪拌至整體融合。

❸ 每次以少量倒入加鹽的全蛋並同時攪拌，全部倒完後切換成中速。

❹ 整體融合在一起後切換成低速，加入杏仁粉攪拌。

❺ 高筋麵粉和肉桂粉加在一起過篩然後加入④，攪拌至粉末消失。

❻ 攪成一團，用保鮮膜包好放進冰箱靜置一晚。

B 覆盆子果醬
[Confiture de Framboise]

材料（25×25cm正方形3個的份量）

覆盆子果醬……75g
水……75g
麥芽糖……75g
細砂糖*……150g
凝固劑（伊那食品工業
「Inageru JP12-S」)*……3g
覆盆子（冷凍、細碎）……75g
＊混合。

> **古典的調配是？**
>
> Framboise Fraîche
> [生覆盆子]……500g
> Sucre [砂糖]……300g
>
> ＊原文中沒有關於水的記述，在此
> 以調配砂糖4分之1～3分之1份量
> （75～100g）為適當的份量。

作法

❶ 覆盆子果醬、水、麥芽糖倒入鍋中轉到中火，用打蛋器大略攪拌一下。

❷ 混合的細砂糖和凝固劑加進去攪拌。

❸ 細砂糖溶解後，加入覆盆子攪拌。

❹ 不時用打蛋器攪拌，沸騰時別讓鍋底燒焦。熬煮到氣泡變小，出現黏性。

❺ 離火移到調理碗中，用保鮮膜貼緊，放進冰箱靜置一晚。

組合

作法

❶ Ａ放在撒上手粉（額外份量）的工作檯上，用手掌壓碎，再用手揉成一團。藉此讓麵團的狀態能變得均勻。

❷ 用擀麵棍延展成約50cm×25cm×厚4mm的長方形。

❸ 用保鮮膜包好，放進冰箱冰到變成容易切的硬度。

❹ ③放在工作檯上，切成2片25×25cm。

❺ 把1片④切成12條約2cm寬的帶狀。

❻ ④的另1片麵皮放在鋪了烘焙紙的烤盤上。在麵皮中央放上150g的Ｂ，邊緣內側留下約1cm，用L形抹刀將Ｂ延展到整體。

❼ 在沒有塗Ｂ，剩下的邊緣部分用刷子塗上水（額外份量）。

❽ ⑤切成帶狀的4條麵皮，逐一疊在⑦塗了水的部分。

❾ ⑤切成帶狀的4條麵皮，等間隔地排在⑧的上面。

❿ ⑤切成帶狀的剩餘4條麵皮，等間隔地排成格子狀。

烘烤、裝飾

作法

❶ 用上火、下火皆180℃的烤爐烘烤25～30分鐘。中途經過20分鐘時，在烤盤底下鋪上另一個烤盤。藉由鋪上的烤盤，火候會變得溫和，可防止麵皮底部烤焦。

❷ 烤好後立刻放在揉麵板上，趁熱用波刃麵包刀稍微切掉邊端。再切成適當的大小。直接置於常溫下冷卻。

❸ 完全冷卻後，用濾茶網在蛋糕體邊端撒上糖粉（額外份量）。

從古典改編成藤生流

｛ 細肉桂粉林茲塔塔皮 ｝

㊤ 調配碳酸銨

㊥ 不使用膨鬆劑

在古典食譜中把碳酸銨當成膨鬆劑調配，塔皮完成後會比較接近蛋糕的口感。另一方面，我為了一面表現出濕潤入口即化的細膩口感，一面裝飾咬起來沙沙的口感，所以不使用碳酸銨或發粉等膨鬆劑。不使用膨鬆劑，小麥和肉桂的風味會更顯著。

㊤ 肉桂粉占整體0.2%

㊥ 比例增加到0.7%提升肉桂的風味

在古典食譜中，材料總量約1420g之中僅3g是肉桂粉，換算成比例大約是0.2%，而我在材料總量710g之中使用5g肉桂粉，大約占0.7%，以強調肉桂的香氣。另外，我為了呈現理想中濕潤且有咬勁，介於乾花色小蛋糕和半生烘焙甜點之間的口感，必須烘淺一點。如果增加肉桂粉，即使烘淺一點也能確實烤到變色。

｛ 覆盆子果醬 ｝

㊤ 用簡單食材充分熬煮

㊥ 使用凝固劑抑制烘烤時的變化

古典的果醬是，「砂糖和水倒入鍋中，熬煮到變成116℃的軟球狀（冷卻後用手指勾起會變成小球體的狀態），加入生覆盆子，冷卻後用手指捏起打開會拉出細絲的程度」，可以想見是充分烘烤後較硬的質感。古典食譜中果醬的大部分都被麵皮覆蓋，不過我為了增加果醬的露出部分，烘烤時果醬直接火烤的部分會變多。因此，如果使用古典食譜中的果醬，烘烤時再熬煮會變成硬的糖狀，也會減損風味，只有甜味變得強烈。因此，我調配了伊那食品工業的凝固劑「Inageru JP12-S」，即使烘烤也能變硬的狀態抑制到最小，保持水潤的口感與風味。

｛ 組合 ｝

㊤ 使用蛋糕模烤成圓形

㊥ 不使用模具，烤成四角形

在古典食譜中，麵團沒有延展，是用手鋪在蛋糕模裡且有些厚度，所以可以想像成麵團部分較多的圓形蛋糕甜點。我把麵團延展成4mm厚，不使用模具，烤成四角形，便有種現代的印象。因為延展成4mm厚，麵團與果醬的平衡度是最好的。

"保存蛋糕"

Framboisettes

［覆盆子餅］

重現『 LA PÂTISSERIE D'AUJOURD'HUI 』
的食譜

覆盆子餅

[Framboisettes]

Sur Plaque, abaisse en pâte à sablés fins, ❶ dorer les bords, étaler une couche de confiture framboises-pépins, ❷ recouvrir d'une abaisse en sablé, souder les bords, dorer, poudrer de sucre cristal., et marquer de tout petits carrés; four doux. Découper les carrés avant complet refroidissement. ❸

❶ 油酥塔皮延展成薄薄一層。
❷ 塗滿覆盆子醬（有覆盆子種子）的果醬。
❸ 在完全冷卻前切成四角形。

　　我個人最喜歡油酥塔皮和覆盆子果醬的組合，因此在《LA PÂTISSERIE D'AUJOURD'HUI》發現這道甜點時，便立刻想要重現。作法是用2片延展成薄薄一層的油酥塔皮，夾住有種子的覆盆子果醬，再撒滿粗糖烘焙即可。雖然按照古典食譜製作也十分美味，不過我想讓餅皮×果醬×粗糖這種簡單組合所產生的滋味，變成有深度的味道，於是加以改編。

　　雖然在古典食譜中使用有鬆脆口感的「油酥薄皮塔皮」，不過我決定使用相較於麵粉，奶油和雞蛋份量較多的「甜塔薄皮」。因為比起油酥薄皮，塔皮口感鬆脆、輕柔，和覆盆子果醬能產生一體感。另一方面，與粗糖細碎的顆粒口感所形成的對比十分突出，也能表現出口感的樂趣。另外，古典食譜中是麵皮夾著果醬烘烤，但是，在此我是將麵皮烘烤後再夾上果醬。裝飾後果醬不烘烤，便能活用新鮮的果實感和水潤的質感。

麵皮烤得恰好的褐色和覆盆子果醬的鮮紅色構成美麗的表層，上面撒滿的粗糖閃閃發光的模樣也很有魅力。覆盆子果醬要充分熬煮到有點硬，用麵皮夾住時特別從側面流出來，這正是裝飾時的重點。種子的顆粒口感也呈現出存在感。

A 甜塔薄皮
[Pâte Sucrée Fine]

材料（5×5cm正方形25個的份量）

高筋麵粉
（日清製粉「傳奇」）……250g
細砂糖……100g
奶油*¹……200g
全蛋*²……28g
蛋黃*²……50g

＊1 室溫，打至濃稠乳霜狀。
＊2 加在一起攪散。

> **古典的調配是？**
> Farine［麵粉］……500g
> Beurre［奶油］……400g
> Sucre［砂糖］……200g
> Œuf［全蛋］……1顆
> Jaunes d'Œuf［蛋黃］……5顆

作法

❶ 高筋麵粉和細砂糖倒入調理碗中，用打蛋器攪拌。
❷ 奶油倒入攪拌碗，用攪拌器以低速攪拌。
❸ 攪拌器先停止，同時加入①攪拌。
❹ 混合的全蛋和蛋黃同時加入，攪拌至整體變得均勻。注意攪拌過頭就不會有黏性。
❺ 用刮板攪拌到能從底部舀起來，避免攪拌不充分。
❻ ⑤裝進塑膠袋用手弄平，放進冰箱靜置一晚充分冷卻。

B 覆盆子果醬
[Confiture de Franboise]

材料（5×5cm正方形25個的份量）

◎覆盆子果醬（無種子）
……做好取90g
　覆盆子果漿……50g
　水……50g
　麥芽糖……50g
　細砂糖*……100g
　果膠*……5g
覆盆子（冷凍、細碎）……45g
＊加在一起。

> **古典的調配是？**
> Fruits Epluchés［去皮水果］
> ……500g
> Sucre［砂糖］
> ……375g或500g
> ＊原文中沒有關於水的記述，以調配砂糖的4分之1～3分之1份量（在此約為90～125g或是約125～165g）為適當的份量。

作法

❶ 製作覆盆子果醬。覆盆子果漿、水、麥芽糖、加在一起的細砂糖和果膠倒入鍋中轉到中火，用打蛋器大略攪拌一下。
❷ 不時用打蛋器攪拌，沸騰時別讓鍋底燒焦。熬煮到氣泡變小，出現黏性。
❸ 離火移到調理碗中。
❹ 90g的③和覆盆子倒入鍋中轉到中火，用橡膠刮刀攪拌，沸騰時別讓鍋底燒焦。熬煮到用橡膠刮刀舀起也不會向下流的狀態。移至調理碗中，放進冰箱靜置一晚。

組合、烘烤、裝飾

材料（5×5cm正方形25個的份量）
蛋液……適量
粗糖……30g

作法

❶ Ａ通過壓麵機，延展成48×24×厚4mm的長方形。

❷ ①切成2等分，分別變成24×24cm的正方形。

❸ ②的一片用擀麵棍延展成25×25cm，戳洞後放在烤盤上。

❹ ②的24×24cm的麵皮也放在烤盤上，只在這片麵皮用刷子塗上蛋液，在整體撒上粗糖（烘烤時會稍微膨脹，變成約25×25cm的正方形）。

❺ 用160℃的對流烤箱烘烤約20分鐘。烤好後，立刻移到揉麵板上讓餘熱散去。

❻ 戳洞烘烤的麵皮烘烤面朝下放在工作檯上。

❼ Ｂ放在❻的上面，用抹刀塗滿整面。

❽ 撒上粗糖的麵皮烘烤面朝上與❼重疊。

❾ 用波刃麵包刀切成5×5cm的正方形。

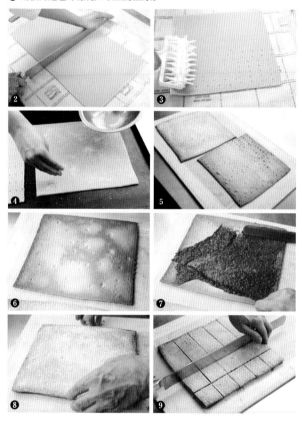

從古典改編成藤生流

{ 甜塔薄皮 }

㊣ 用油酥薄皮塔皮製作

藤 用甜塔薄皮製作

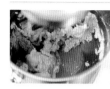

雖然在古典食譜中使用油酥薄皮塔皮，不過我使用古典食譜中刊出的甜塔薄皮。相較於麵粉，奶油與雞蛋調配得較多，所以奶油香味強烈，裝飾鬆脆、鬆散的口感。一開始先混合高筋麵粉、細砂糖和奶油再加入雞蛋，麵皮便容易融合，由於充分結合，雖是鬆散的口感，卻是具有保形性與適度咬勁的麵皮。

{ 覆盆子果醬 }

㊣ 沒有記載作法

藤 之後加上種子強調口感

古典的「覆盆子餅」食譜中只有刊出「塗滿覆盆子醬」。因此我使用沒有種子的覆盆子果醬，藉由加進覆盆子（細碎）熬煮的方法，製作出覆盆子果醬。種子的份量占整體50％。加入滿滿的種子，種子盡量不要烘烤，藉此強調顆粒口感。

{ 烘烤、組合、裝飾 }

㊣ 組合後烘烤，然後切開

藤 麵皮烘烤後組合，然後切開

古典食譜中寫道：「在麵皮塗上蛋液並塗滿果醬，蓋上另一片麵皮，塗上蛋液，撒上粗糖，用小火烘焙前先做四角形記號，烘烤後才容易切開」，它的作法是組合烘烤後再切開。另一方面，我在麵皮烘烤後夾上果醬再切開，活用麵皮鬆脆的口感。重點在於，麵皮烤好餘熱散去後就立即作業。因為完全冷卻後，切開時麵皮就會變得容易散開。

"糖衣花飾小蛋糕"

Bouchées

［布雪］

重現『TRAITÉ DE PATISSERIE MODERNE 』
的食譜

布雪
[Bouchées]

Accoler deux bouchées en biscuit creusées, avec de la crème Chantilly vanille bien égouttée; ❶ abricoter et glacer soit au fondant café, soit chocolat. ❷ Ce petit four doit se faire au dernier moment. Pour toutes les bouchées accolées, couper un peu celle du dessous, pour la stabiliser.

❶ 2個中央凹下的布雪餅乾，
用充分除去水分的香草鮮奶油貼住。
❷ (在餅乾上) 塗層 (塗上杏桃果醬)，
淋上咖啡或巧克力翻糖醬。
＊ 古典食譜中記載了以咖啡口味，
或巧克力口味為基本的布雪。

Bouchées（布雪）是法文，意思是「一口」，是指烤成小塊的泡芙或餅乾，加上奶油或果醬的一口大小花飾小蛋糕。一般在日本廣為人知的布雪，大多不是一口大小，而是由餅乾型的鬆軟蛋糕體夾上奶油等，我想這並不是以法式古典甜點為基礎的。古典食譜中介紹了好幾種布雪，特色是每一樣都淋上翻糖糖衣。在此介紹的布雪，是由《近代製菓概論TRAITÉ DE PATISSERIE MODERNE》裡頭所使用的餅乾麵團「布雪·咖啡／巧克力」改編而成的。我留意對日本人而言容易接受的味道與口感，裝飾不淋上翻糖醬的成品。

在此使用手指餅乾的麵團。在古典食譜中粉類只用了麵粉，但是其中一半我用自製杏仁粉取代，強調濃郁的香氣。為了做出濕潤、輕柔有彈力，且爽脆的麵團，我在材料加入的順序與混合方式下工夫，並在麩質充分形成後烘烤。夾在裡頭的奶油，我選擇濃郁的奶油霜。藉由添加柳橙的風味，即使充滿空氣，也能表現輕盈感。

讓麵團充分形成麩質，並加上打發結實的打發蛋白，做成有彈力且輕柔的口感。撒滿的糖粉也產生細碎顆粒的口感。雖然在古典食譜中夾上香草風味鮮奶油，不過我換成濃郁的奶油霜。因而也提高了保形性與保存性。

材料（48個的份量）

杏仁粉（帶皮）*1……125g
高筋麵粉（日清製粉
「法國麵粉」）*1……125g
發粉*2……2.5g
全蛋*3……220g
細砂糖A……125g
蛋黃*3……180g
蛋白……315g
細砂糖B……125g
純糖粉……適量

*1 把生杏仁做成自製杏仁粉。
*2 加在一起過篩。
*3 攪散。

古典的調配是？

Sucre en Poudre
[細砂糖]……500g
Jaunes d'Œufs [蛋黃]……20顆
Œufs Entiers [全蛋]……2顆
Blancs d'Œufs [蛋白]……20顆
Sucre Semoule
[微粒細砂糖]……100g
Farine [麵粉]……500g
Vanille [香草]……適量
Sucre Glace [糖粉]……適量

作法

❶ 杏仁粉、加在一起過篩的高筋麵粉和發粉、全蛋倒入攪拌碗，用攪拌器以低速攪拌。粉末不見後切換成中速，充分攪拌到出現黏性，留下攪拌器的痕跡。

❷ 細砂糖A同時加入攪拌。

❸ 蛋黃分成3～4次添加，充分攪拌到整體變得濃厚。移至調理碗中。

❹ 和❸的作業同時進行，蛋白倒入另一只攪拌碗，以中速打發。蛋白打成水狀就切換成高速。

❺ 留下打蛋器的痕跡，變得鬆軟後，細砂糖B同時加入攪拌。

❻ 用打蛋器舀起變成立起角狀後，切換成中速，份量減少，變成有點細緻後，關掉攪拌器。一般是在呈現份量發白後加入砂糖，不過這道甜點要留下打蛋器的痕跡，所以在變得鬆軟後再加入砂糖。如此一來狀態會更加穩定，也會提高保形性。充分打發後切換成中速調整氣泡，繼續變硬增加穩定性，便可以完成氣泡不易破裂的打發蛋白。

❼ 在❸加入❻的4分之1份量，用木刮刀仔細拌勻兩者。要攪拌均勻，氣泡弄消也沒有太大關係。

❽ 剩下的❻分成2次加入❼，每次都快速大略攪拌，這步驟要注意別弄消氣泡。

❾ ❽倒進裝了口徑1.5cm圓形花嘴的擠花袋，在鋪了烘焙紙的烤盤上，擠出直徑約5cm的圓形。因為烘烤時會膨脹，所以要適度地留間隔。

❿ 用濾茶網撒滿純糖粉。

⓫ 下面再鋪上另一個烤盤，用打開風門，上火、下火皆180℃的烤爐烘烤約40分鐘。

⓬ 烤好後連同烘焙紙移到揉麵板等處，立刻逐一從烘焙紙取下，排在烤盤上冷卻。其中一半烘烤面朝上排列，剩下一半烘烤面朝下排在旁邊，組合時夾上 B 的作業就會變輕鬆。

B｜柳橙風味奶油霜
| Crème au Beurre à l'Orange |

材料（約106個的份量）

細砂糖……224g	
水……56g	古典的調配是？
蛋白……140g	Blancs d'Œufs［蛋白］……6顆
奶油……500g	Sucre Cuit［糖漿］……500g
柳橙糊（市售品）……140g	Beurre［奶油］……500g

作法

❶ 細砂糖和水倒入鍋中轉到大火，烘烤到117℃，熬煮到變成軟球狀（冷卻後用手指勾起會變成小球體的狀態）。

❷ ①開始沸騰後，蛋白倒進攪拌碗裡，以高速開始打發。呈現顏色發白變得輕柔後，①沿著攪拌碗內側側面倒入。

❸ 以高速持續攪拌，變成奶油不會融解的溫度（約30℃）之後，切換成中速，調整得更細緻。

❹ 以中速持續攪拌，奶油分成3～4次加入攪拌。奶油全部摻入後切換成高速，攪拌至含有空氣變得輕柔。

❺ 柳橙糊倒入調理碗中，加入④的一部分用打蛋器充分攪拌。

❻ ⑤加入④，高速攪拌至變得均勻。

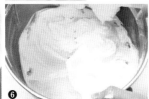

組合

作法

❶ B倒進裝了口徑1.5cm圓形花嘴的擠花袋，在烘烤面朝下排列的A中央擠出每個約10g的球狀。

❷ 疊上烘烤面朝上排列的A，用力按壓，但別讓B從側面擠出。

從古典改編成藤生流

{ 手指餅乾 }

古 粉類只用麵粉

藤 也調配自製杏仁粉

麵團應用了古典食譜中介紹的手指餅乾。在古典食譜中粉類只用了麵粉，不過我把一半的麵粉換成自製杏仁粉，強調杏仁濃郁、芳香的風味。另外，增加全蛋的調配量也增添了雞蛋溫和的風味。藉由增加全蛋，添加發粉，能使膨脹狀態良好，並且提高保形性。

古 依蛋黃＆砂糖→全蛋→麵粉的順序攪拌

藤 依全蛋＆粉類→砂糖→蛋黃的順序攪拌

古典的手指餅乾是，一開始先攪拌蛋黃和砂糖，全蛋和麵粉依序加入攪拌後，打發蛋白再加在一起。不過，我為了呈現濕潤有彈力且鬆脆的蛋糕體，一開始把高筋麵粉、發粉、杏仁粉和全蛋攪拌到出現黏性，讓麩質確實形成後，再依序加入細砂糖和蛋黃攪拌，最後加上打發蛋白。為了活用杏仁與小麥的風味，我製作自製杏仁粉，麵粉則挑選香味與鮮味強烈的製品。

{ 柳橙風味奶油霜 }

古 夾上鮮奶油

藤 夾上奶油霜

雖然在古典食譜中是用2塊餅乾夾上香草風味鮮奶油，不過我考量到保存問題，改成夾上奶油霜。我採用的食譜是，以保形性佳，常溫下也不易融化的義式打發蛋白作為基礎。摻入柳橙糊變成清爽的滋味，也強調輕盈感。另外，雖然古典作法是在上面塗上杏桃果醬，並淋上翻糖醬，不過我希望客人能嗜到蛋糕體與奶油口感的對比，所以麵團上沒有塗抹任何東西。

使用 " 千層派皮 " 的甜點

Chaussons aux Pommes

[蘋果香頌]

重現『TRAITÉ DE PATISSERIE MODERNE』
的食譜

蘋果香頌

[Chaussons aux Pommes]

Découper des abaisses en feuilletage plein, avec un coupe-pâte cannelé ❶ ;
allonger un peu ces abaisses avec le rouleau, puis garnir le centre avec un
peu de marmelade de pommes ❷ ; mouiller les bords au pinceau, replier
l'abaisse pour former un demi-cercle; dorer, rayer, et cuire à four chaud.
Glacer au four. ❸

❶ 切開用卡納蕾形模具延展的麵團。
❷ 在（麵團）中央擠上少量的蘋果醬。
❸ 用烤箱烤出光澤。

這道甜點使用稱為千層派皮或法式千層的折疊麵皮，也是被歸類為酥皮可頌類別的香頌。它在法文中的意思是「拖鞋」，這是用千層派皮包住配料做成半圓形的甜點派。其中塞了糖漬蘋果的蘋果香頌，在法式蛋糕之中可是經典中的經典。在此介紹刊出大小2種尺寸，《近代製菓概論TRAITÉ DE PATISSERIE MODERNE》的小尺寸食譜加以改編後的蘋果香頌。

麵皮採用古典食譜中數種千層派皮作為基本，相較於千層派麵團，「千層薄皮派皮」折入的奶油比例較多。雖然在古典食譜中高筋麵粉和低筋麵粉比例相同，不過我採用的高筋麵粉和低筋麵粉比例是8：2，表現出更鬆脆的口感。但是我認為這道甜點，烘烤比比例調配更重要。我特別講究的一點是，在表面澆上焦糖。烘烤時，稍微烤到變色再撒滿糖粉，麵皮烘烤將表面慢慢地烤焦。如此一來邊緣部分變成有厚度的焦糖化，口感酥脆，此外糖粉沒有融化，變成稍微柔軟的口感。

雖然在古典食譜中使用蘋果果醬，不過我採用可嚐到更濃郁風味的糊狀糖漬蘋果。麵皮鬆脆的口感和糖漬蘋果黏稠的感覺，這種對比也很有魅力。上面焦糖化有光澤的部分與白色無光澤部分也產生不同的口感，成為外觀上的強調重點。

A 千層薄皮派皮

[Pâte Feuilletée Fine]

材料（約30個的份量）

高筋麵粉（日清製粉
「山茶花」）*[1]·[2]……800g
低筋麵粉（日清製粉
「特級紫羅蘭」）*[1]·[2]……200g
鹽*[1]……15g
水*[1]……400～420g
醋*[1]……50g
發酵奶油*[3]……80g
夾入用發酵奶油*[1]……800g

*[1] 發酵奶油以外的材料放進冰箱冷卻。
*[2] 加在一起過篩。
*[3] 融化調整成常溫。

古典的調配是？

Farine [低筋麵粉]……250g
Gruau [高筋麵粉]……250g
Sel [鹽]……12g
Eau [水]……約1/4ℓ
Beurre dans la Détrempe
[千層派麵團用奶油]
……50～150g
Beurre [奶油]……500g

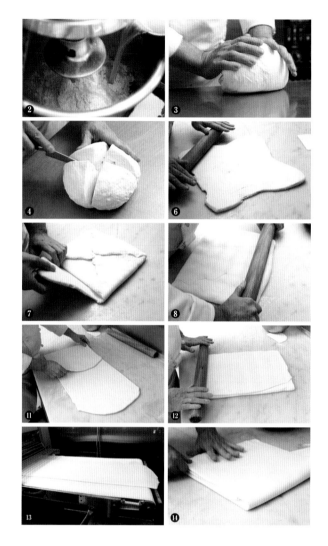

作法

❶ 製作千層派麵團。加在一起過篩的高筋麵粉、低筋麵粉和鹽巴倒入攪拌碗。

❷ 加上水、醋、融化調整成常溫的發酵奶油，用攪拌勾以低速攪拌。

❸ 變成一體後放在工作檯上。用手揉捏到出現光澤，表面延伸成圓形狀揉成一團。

❹ 表面用小刀劃一道深深的十字形切痕，裝入塑膠袋放進冰箱靜置一晚。

❺ 夾入用發酵奶油裝進塑膠袋，用擀麵棍敲打到和千層派麵團同樣的硬度，變成約20×20×厚1cm。

❻ ④放在撒了手粉（額外份量，以下皆同）的工作檯上，從切痕的中央往四邊壓平，用手拍打成正方形。用擀麵棍延展成35×35cm。

❼ ⑤的邊角錯開45度放在⑥的中央，⑥的四個角往中央折疊包好。手用力壓住麵皮的接縫。

❽ 用擀麵棍用力壓住，讓千層派麵團和奶油緊貼。

❾ 用擀麵棍延展成厚2～2.5cm的長方形，才會容易通過壓麵機。

❿ 通過壓麵機，延展成約70×35cm。

⓫ ⑩以長方形的狀態從左右折3折，用擀麵棍按壓讓麵團緊貼。

⓬ 擀麵棍從跟前往內側，從內側往跟前滾動，延展成厚2～2.5cm的長方形。

⓭ ⑪90度改變方向通過壓麵機，延展成約70×35cm。

⓮ ⑬以長方形的狀態從左右折3折，用擀麵棍按壓讓麵團緊貼。用刷子把多餘的手粉刷掉，然後用保鮮膜包好放進冰箱靜置30分鐘～1小時。

⓯ ⑨～⑬的作業再進行2次（2次折3折×3，合計6次）。

配料、組合

材料（約30個的份量）
糖漬蘋果（市售品）……1.2kg

作法
❶ 用擀麵棍把 Ａ 延展成厚2～2.5cm的長方形，通過壓麵機延展成厚3mm。
❷ 用直徑13cm的模具抽出，放在鋪了烘焙紙的烤盤上等處，然後放進冰箱靜置30分鐘。
❸ 在麵皮邊緣用刷子塗上水（額外份量）。
❹ 糖漬蘋果倒進裝了口徑1cm圓形花嘴的擠花袋，在麵皮中央逐一擠上40g。
❺ 麵皮折成2折，用手指壓住麵皮的接縫讓它緊貼。放進冰箱靜置約30分鐘，使表面冷卻凝固。

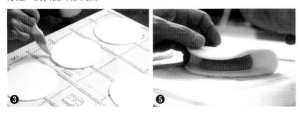

烘烤、裝飾

材料（約30個的份量）
純糖粉……適量

作法
❶ 用水果刀在表面整體以寬約5mm的間隔劃上15～20條線。
❷ 用刷子在表面塗上蛋液（額外份量）。
❸ 麵皮的接縫朝向跟前將②排在烤盤上，放進上火、下火皆為200℃的烤爐。
❹ 經過15分鐘，麵皮膨脹表面烤到微微變色後，先從烤箱取出，用濾茶網撒滿純糖粉。再一次放進烤箱烘烤。中途，如果糖漬蘋果快要流出來了，就用水果刀在麵皮的接縫部分開洞放掉空氣，抑制鼓起。
❺ 麵皮完全膨脹後，烤盤前後對調。烘烤時間合計約50分鐘。

從古典改編成藤生流

{ 千層薄皮派皮 }

㊒ 低筋麵粉和高筋麵粉以相同比例調配
㊐ 高筋麵粉調配多一點強調口感

雖然在古典食譜中，麵粉方面低筋麵粉和高筋麵粉是以相同比例調配，不過我以2：8的比例調配低筋麵粉和高筋麵粉。藉由高筋麵粉多一些，讓粉類紮實的風味和豐富的口感更突出。

{ 配料、組合 }

㊒ 麵皮用可麗露形模具抽出
㊐ 用圓形模具抽出

雖然在古典食譜中麵皮用卡納蕾形模具抽出，不過法式千層烘烤後會鼓起變大，不會變成漂亮的鋸齒狀模樣，因此我抽成圓形。另外，在古典食譜中稍微把麵皮延展成橢圓形包住糖漬蘋果，但考量到作業性與外觀，沒有延展直接包覆。

㊒ 使用蘋果果醬
㊐ 使用糊狀的糖漬蘋果

雖然在古典食譜中是用麵皮包住少量的蘋果果醬，不過我大量使用市售的糖漬蘋果。這是將蘋果充分熬煮過的糊狀物。我挑選BROVER公司的「Compote de Pomme」，它是酸味十分突出的歐洲產蘋果，與表面的焦糖甜味形成對比。由於自製的糖漬蘋果依照水分、糖度和硬度會使狀態不穩定，因此我採用品質保持穩定的市售品。

{ 烘烤、裝飾 }

㊒ 烤出光澤裝飾
㊐ 撒滿純糖粉讓造型更豐富

雖然古典食譜中寫道：「用烤箱烤出光澤」，但並未記載詳細的方法。因此我放進烤箱約15分鐘後撒滿純糖粉，然後再烘烤35分鐘，慢慢地焦糖化。邊緣變成有光澤與厚度的焦糖狀，另外糖粉沒有融化，裝飾發白鬆脆的口感。

Jésuites

[傑須特派]

重現『TRAITÉ DE PATISSERIE MODERNE』
的食譜

傑須特派

[Jésuites]

Abaisser une bande de feuilletage, mettre un peu de crème cuite, ❶ mouiller les bords et replier. Étendre sur la surface de la glace royale avec amandes hachées. ❷ Découper en triangles. ❸ Four moyen entr'ouvert. Cuisson : 30 minutes environ.

❶ 放上少量的熟奶油。
❷ 在表面塗滿皇家糖霜，撒上搗碎的杏仁。
❸ 切成三角形。

「傑須特派」是用千層派皮夾上杏仁奶油或卡士達醬等，再塗上皇家糖霜烘焙的三角形甜點。在法語中的意思是基督教羅馬教會的修道會耶穌會的修道士，因為甜點的形狀很像修道士的帽子，所以取了這個名字。記憶中，我因為旅行造訪南法的一座小鎮，在那裡遇見了這道甜點。之後，我在古典食譜中發現食譜，一邊回想當時的滋味一邊重現。

在古典食譜中，千層派皮夾了「熟奶油」，主要指的是卡士達醬，不過我換成以杏仁奶油和卡士達醬

2：1的比例加在一起的法蘭奇巴尼奶油餡。杏仁的風味藉由卡士達醬增添濃郁、水分與適度的彈力，變成較輕盈的奶油，與麵皮輕盈的口感呈現統一感。夾上奶油的麵皮， 一邊抑制鼓起 一邊充分烘烤 烘烤後切成三角形，塗上皇家糖霜撒上杏仁片，再一次用烤箱烤到稍微變色。如此一來奶油不會流動，能呈現美麗的斷面，也能強調鬆脆的口感和焦糖般的風味。

雖然在古典食譜中，夾上奶油的麵皮在切開後烘烤，不過烘烤時中間的奶油會流出，或者烤好時高度不平均等，很難維持美麗的外觀，因此我在烘烤後才切開。我在皇家糖霜調配較少的糖粉，約為蛋白的5分之1份量，變成鬆軟的質感。即使烘烤仍口感鬆脆，不會太硬。

A 千層薄皮派皮
[Pâte Feuilletée Fine]

材料與作法
→ 參照第56頁。準備容易製作的份量。做好取580g使用，約為18個的份量。同樣進行至第56頁的步驟⑮，之後進行以下的作業。

❶ 麵皮分出580g，用擀麵棍延展成厚2～2.5cm的長方形，通過壓麵機延展成約48×30×厚2mm。

❷ 切成2等分，分別變成30×24cm（各約250g）。放在鋪了烘焙紙的烤盤上等處，然後放進冰箱靜置約30分鐘。

B 卡士達醬
[Crème Pâtissière]

材料（容易製作的份量）
蛋黃*¹……80g
香草莢*²……1/2條
純糖粉……125g
低筋麵粉（日清製粉「特級紫羅蘭」）*³……25g
玉米澱粉*³……25g
牛奶……500g
奶油……12g

*1 攪散。
*2 從香草莢中取出香草籽，僅使用香草籽的部分。
*3 加在一起過篩。

<blockquote>
古典的調配是？

Sucre en Poudre
［細砂糖］…500g
Jaunes d'Œufs［蛋黃］…12顆
Farine［麵粉］…100g
Vanille［香草］…適量
Sel［鹽］…1撮
Lait Bouillant
［煮沸的牛奶］…1ℓ
Beurre［奶油］…適量
</blockquote>

作法
❶ 蛋黃、香草籽和一半的純糖粉倒入調理碗中，用打蛋器攪拌到發白。

❷ 加上加在一起過篩的低筋麵粉和玉米澱粉，慢慢攪拌，別出現黏性。

❸ 牛奶、香草豆莢、剩下的純糖粉倒入銅碗用大火加熱。加熱時用打蛋器不時攪拌，在沸騰前去掉香草莢豆莢。

❹ 沸騰後取一部分加入②攪拌。把它倒回銅碗，轉到大火用打蛋器一邊攪拌一邊煮。變得黏稠後離火，利用餘熱加熱，用打蛋器攪拌，變成稍微軟一點的滑順狀態。

❺ 再次加熱，拿著打蛋器的手變重，開始沸騰後離火，摻入奶油融解。

❻ 移至調理碗中隔著冰水冷卻，用保鮮膜貼緊，放進冰箱保存。

C 杏仁奶油
[Crème d'Amande]

材料（容易製作的份量）
奶油*¹……100g
純糖粉……100g
全蛋*²……55g
鮮奶油（乳脂肪含量27%）……25g
杏仁粉……100g

*1 室溫，打至濃稠乳霜狀。
*2 攪散，隔水加熱到接近體溫溫度。

<blockquote>
古典的調配是？

Amandes Emondées et sechées
［乾燥去掉嫩皮的杏仁］…500g
Sucre［砂糖］…500g
Beurre［奶油］…500g
Œufs［全蛋］…8顆
</blockquote>

作法
❶ 奶油和純糖粉倒入調理碗中，用打蛋器攪拌。

❷ 純糖粉融入後，全蛋分成3次加入，每次都充分攪拌。摻入純糖粉的奶油和全蛋的溫度差太多就會分離，所以要注意溫度。

❸ 加入鮮奶油攪拌。

❹ 加入杏仁粉，用橡膠刮刀攪拌到粉末消失。

D 法蘭奇巴尼奶油餡
[Crème Frangipane]

材料（18個的份量）
卡士達醬（B）……175g
杏仁奶油（C）……350g

作法
❶ B倒入調理碗中，用橡膠刮刀攪拌滑順。

❷ C倒入另一只調理碗，一部分加入①攪拌。把它倒回裝了C的調理碗中，混合在一起。

＊在古典食譜中，法蘭奇巴尼奶油餡並非現在一般的卡士達醬和杏仁奶油加在一起的東西，裡頭介紹的是加入米粉的奶油。

組合、烘烤

作法

❶ 在鋪了烘焙紙的揉麵板上將Ⓐ縱向擺放，用菜刀刀背在縱長的中央留下橫線的痕跡。

❷ 在麵皮跟前的邊緣和中央的痕跡用刷子塗水（額外份量）。

❸ Ⓓ倒進裝了口徑1cm圓形花嘴的擠花袋，從麵皮跟前、左右邊緣與中央往內側空出約1cm，擠出8條橫線（合計約250g）。

❹ 沒有擠上Ⓓ的內側麵皮往跟前折起覆蓋Ⓓ，用手指壓住麵皮的接縫讓它緊貼。放進冰箱靜置約30分鐘，使表面冷卻凝固。

❺ ❹移至烤盤上，放進上火、下火皆為200℃的烤爐。經過10～15分鐘，表面烤到微微變色後，為了抑制鼓起，把烤盤放在上面，再烘烤15分鐘。烘烤時間合計約30分鐘。烤好後直接置於常溫下讓餘熱散去。

❻ 用波刃麵包刀切成9個等腰三角形。三角形的短邊以3cm為標準。

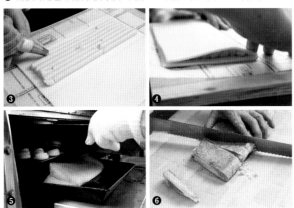

裝飾

材料（容易製作的份量）

◎皇家糖霜……做好取適量
　蛋白……100g
　純糖粉……20g
杏仁片*……適量

*用上火、下火皆為160℃的烤爐烘烤約15分鐘。

作法

❶ 製作皇家糖霜。蛋白倒進調理碗中，純糖粉一邊過篩一邊添加。用刮板充分攪拌，變成滑順的狀態。比起裝飾用的皇家糖霜，純糖粉少一點，可裝飾淡一點的質感。純糖粉太多，烘烤時便容易裂開，會變成較硬的口感。

❷ 切成等腰三角形的麵皮上面用抹刀塗上①。

❸ 排在烤盤上，撒上烤過的杏仁片。

❹ 用160℃的對流烤箱烘烤約30分鐘，直到表面變色。烤好後移到鋪了烘焙紙的烤盤上等處，讓餘熱散去。

❺ 倒出的皇家糖霜用水果刀切割調整形狀。

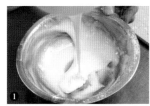 

從古典改編成藤生流

｛ 卡士達醬 ｝

㊣ 粉類使用麵粉

藤 麵粉的一半換成玉米澱粉

在古典食譜中，卡士達醬使用的粉類都是麵粉，不過我以相同比例調配低筋麵粉和玉米澱粉。和只用低筋麵粉製作相比，裝飾得更滑順。

｛ 杏仁奶油 ｝

㊣ 杏仁奶油的材料皆是相同比例

藤 減少全蛋的份量，添加鮮奶油

古典的細杏仁奶油，杏仁、砂糖、奶油、全蛋幾乎是相同比例，不過我減少全蛋的份量，改成調配乳脂肪含量27%的鮮奶油。藉由減少雞蛋的風味強調杏仁的香氣，用鮮奶油增添濃郁感，同時活用乳味，裝飾溫和的滋味。

｛ 法蘭奇巴尼奶油餡 ｝

㊣ 使用卡士達醬

藤 換成法蘭奇巴尼奶油餡

古典食譜中麵皮夾上的奶油，主要使用「熟奶油」，就是指卡士達醬。不過我把它換成卡士達醬和杏仁奶油加在一起的法蘭奇巴尼奶油餡，表現出適度的滑順，杏仁的香氣，且有層次的滋味。

｛ 裝飾 ｝

㊣ 在收尾作業之後烘烤

藤 充分烘烤後裝飾

在古典食譜中，麵皮夾上奶油，表面塗上皇家糖霜，撒上搗碎的杏仁，切成三角形後用中火的烤箱烘烤約30分鐘。不過，因為我想裝飾美麗的切口，所以決定烘烤後再切開。另外，皇家糖霜在麵皮充分烘烤後再塗上，藉由對流烤箱慢慢地乾燒，裝飾時不會烤焦，也能產生鬆脆的口感。

No.14 Gâteaux à base de Pâte à Choux

使用"泡芙麵糊"的甜點

Éclairs

［閃電泡芙］

重現『 TRAITÉ DE PATISSERIE MODERNE 』
的食譜

閃電泡芙
[Éclairs]

Coucher à l'aide d'une poche, douille unie et sur plaes, qu des bâtons
en pâte à choux de 10cm de longueur ou un peu plus. ❶ Cuire à four
doux, garnir à froid avec de la crème cuite, café ou chocolat; abricoter
légèrement la surface que l'on glace ensuite également au fondant café
ou chocolat. ❷ Pour 12, il faut de 240g à 320g ou plus, selon la taille et
même poids de crème.

❶ 將泡芙麵糊擠成長10cm，
　或是再長一點的棒狀。
❷ 在（泡芙麵糊）表面稍微塗層（塗上杏桃果醬），
　再淋上咖啡或巧克力翻糖醬。

　　古典甜點的基本麵糊之一就是泡芙麵糊。並且，基本奶油是稱為「熟奶油」的卡士達醬。說到這2者加在一起的甜點，在法國是以閃電泡芙為代表，咖啡風味和巧克力風味尤其是經典的滋味。我認為這道甜點最大的魅力，就在於收尾的翻糖醬。想要做出具有美麗光澤、光滑質感、適度厚度的翻糖醬，硬度與溫度的調整十分重要，師傅的技術會呈現差異。我記得在法國修業時期，許多糕點師以翻糖醬做得好不好來衡量師傅的程度。

　　我從古典食譜的數種食譜中，採用「一般泡芙麵糊」。雖然在古典食譜中水分只有水，不過我把整體的5分之2份量換成牛奶，並添加砂糖，強調甜味與顆粒的口感，以及更好看的烘烤顏色。卡士達醬在「咖啡閃電泡芙」是用即溶咖啡粉，在「巧克力閃電泡芙」則是用黑巧克力增添風味。考量到翻糖的甜味和味蕾上的平衡，前者加上白蘭地，後者使用可可含量約55％，甜味與苦味均衡的巧克力。表現出略苦、有深度的滋味。

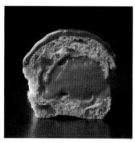
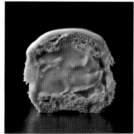

巧克力閃電泡芙　　　　咖啡閃電泡芙

在泡芙麵糊塗上蛋液，用叉子劃線條，使收尾的翻糖防滑，烘烤約40分鐘。讓泡芙有適度的厚度，烤成鬆脆的口感後，可做成散發白蘭地香味的咖啡風味，或是在濃郁的巧克力風味擠上卡士達醬。甜味強烈的翻糖厚度也是影響味道的重點。

A 一般泡芙麵糊
[Pâte à Choux Ordinaire]

材料（約30條的份量）

牛奶……100g
水……150g
奶油……100g
細砂糖……15g
鹽……2.5g
低筋麵粉（日清製粉
「特級紫羅蘭」）……150g
全蛋*……250g
＊攪散。

> 古典的調配是？
> Eau ［水］……1ℓ
> Beurre ［奶油］……375g
> Sel ［鹽］……12g
> Farine ［麵粉］……500g
> Œufs ［全蛋］……16顆

作法

❶ 牛奶、水、奶油、細砂糖和鹽巴倒入鍋中加熱。奶油完全融化沸騰後離火，加入低筋麵粉用木刮刀快速攪拌。

❷ 粉末消失後轉到中火，用木刮刀將麵糊從底部翻攪蒸散水氣。在鍋底展開薄膜，麵糊合在一起從鍋底分離後離火。

❸ ②倒入攪拌碗，用攪拌器以中速攪拌。趁麵糊溫熱時全蛋分成數次添加，攪拌至整體變得均勻。最後加入全蛋時，全蛋容易飛濺，所以要改成低速。

❹ 用刮刀舀起會慢慢落下，留在刮刀上的麵糊如圖所示，變成三角形就OK。趁溫熱時擠出切換到烘烤作業。

B 卡士達醬
[Crème Pâtissière]

材料與作法

→ 參照第60頁。準備容易製作的份量。
從步驟④中途，按照以下作法製作。

❶ 轉到大火用打蛋器一邊攪拌一邊煮。變成失去彈性滑順的狀態，出現光澤後離火，摻入奶油融解。

❷ 移至調理碗中隔著冰水冷卻，用保鮮膜貼緊，放進冰箱。

C 咖啡卡士達醬
[Crème Pâtissière au Café]

材料（5條的份量）

卡士達醬（ B ）……200g
白蘭地（人頭馬）……5g
即溶咖啡粉……2g

作法

❶ B 倒入調理碗中，用刮刀攪拌到變得滑順。

❷ 在白蘭地加入即溶咖啡粉，大略攪拌溶解。

❸ 在①加入②，用打蛋器攪拌在一起。

D 巧克力卡士達醬
[Crème Pâtissière au Chocolat]

材料（5條的份量）

卡士達醬（ B ）……200g
黑巧克力
（嘉麗寶「811 Callets」／可可含量54.5%）……30g

作法

❶ B 倒入調理碗中，用刮刀攪拌到變得滑順。

❷ 黑巧克力倒入另一只調理碗，隔水加熱融解調整為28℃。

❸ 在②加入①的一部分，用打蛋器攪拌充分乳化。

❹ 在①加入③，用打蛋器充分混合。

E 咖啡翻糖
[Fondant au Café]

材料（容易製作的份量）

翻糖（市售品）*……100g
濃縮咖啡精……適量
糖漿（波美30度）……適量
＊隔水加熱調整為體溫。

作法

❶ 翻糖倒入調理碗中，加入咖啡精用刮刀攪拌。

❷ ①隔水加熱，一邊添加糖漿一邊刮刀攪拌，加溫到比體溫高一點的溫度（38～40℃）。調整成用刮刀舀起會快速地呈緞帶狀落下的硬度。充分攪拌到出現光澤。

❸ 把調理碗的內側側面擦乾淨，為了防止乾燥，使用前用沾濕的抹布蓋上。

F 巧克力翻糖
[Fondant au Chocolat]

材料（容易製作的份量）

翻糖（市售品）*……100g
黑巧克力
（嘉麗寶「70-30-38 Callets」／可可含量70.5%）*……70g
糖漿（波美30度）……適量
＊分別隔水加熱調整成體溫。

作法

❶ 翻糖倒入調理碗中，加入黑巧克力用刮刀攪拌。

❷ 進行和 E 的步驟②、③同樣的作業。

烘烤

作法

❶ A倒進裝了口徑1.5cm圓形花嘴的擠花袋，在烤盤上擠出長10cm的棒狀。烘烤時為避免鼓起不好看，要趁溫熱時擠出A。

❷ 為了呈現光澤，把花嘴的痕跡弄平，再用刷子在上面塗上蛋液（額外份量）。

❸ 在②的上面用刷子塗水（額外份量），叉子與麵糊幾乎呈水平貼著，輕輕按壓麵糊，縱向劃出線條。

❹ 上火、下火皆調成190℃，用打開風門的烤爐烘烤約20分鐘。麵糊鼓起，烤到變色後上火、下火皆調降到170℃，再烘烤約20分鐘。注意要是溫度太高，麵糊過度膨脹就會裂開。烤好後，直接置於常溫下冷卻。

裝飾

作法

❶ A烘烤並冷卻後，在底部用杏仁糕雕刻工具組開2個洞。

❷ 裝飾咖啡閃電泡芙。C倒進裝了口徑9mm圓形花嘴的擠花袋，從麵糊底部開的洞逐一擠上40g。

❸ 溢出的C用抹刀拭去。

❹ E加溫成比體溫略高的溫度（38～40℃），用刮刀攪拌呈現光澤。③的烘烤面朝下貼住，慢慢地撈起，稍微搖晃把多餘的E弄掉。E沾得比較厚的部分用手指拭去，把多餘的E弄掉，使厚度均等。用手指描摹著邊緣。

❺ E的貼合面朝上，排在揉麵板上晾乾。

❻ 裝飾巧克力閃電泡芙。用D取代C，用F取代E，進行和步驟②～⑤同樣的作業。

從古典改編成藤生流

{ 一般泡芙麵糊 }

(古) 沒有甜味的麵糊

(藤) 添加牛奶和砂糖

在古典食譜中只有水，但我藉由添加牛奶，強調鬆脆的口感。並且調配細砂糖，增添微微的甜味，烤的顏色也變好看。

{ 咖啡卡士達醬 }

(古) 只有記載咖啡風味

(藤) 添加白蘭地散發芳香

為了做出有深度的味道，我添加不輸咖啡香味的芳醇白蘭地。在白蘭地裡溶解即溶咖啡粉，再和卡士達醬加在一起。我思考與翻糖甜味的平衡，呈現出略苦的滋味。

{ 烘烤 }

(古) 擠完烘烤

(藤) 塗上蛋液，加上線條

在古典食譜中只有記述：「用裝了圓形花嘴的擠花袋擠成長10cm，或是再長一點的棒狀」，不過我為了烤出漂亮的顏色，塗上蛋液，烘烤時表面就不會裂開，能均勻膨脹，用叉子在上面確實加上線條後烘烤。在上面加上線條，翻糖就不會滑落，裝飾時也會變好看。

{ 裝飾 }

(古) 塗層後淋上翻糖醬

(藤) 只沾上有光澤的翻糖

在古典食譜中，收尾時在泡芙麵糊塗層（塗上杏桃果醬）後淋上翻糖醬，不過我只用翻糖收尾。我認為翻糖美麗的光澤，正是閃電泡芙最大的魅力。在翻糖添加糖漿，加溫到比體溫略高的溫度調整硬度，用刮刀攪拌確實呈現光澤。最應注意的一點是溫度，雖然溫度過高可以加上薄薄一層，可是光澤會消失，味道也會變差，反之如果溫度太低，即使有光澤也會變厚，在凝固前得花時間，可能會往側面流出，或是表面裂開，裝飾時就不好看。

"熟奶油"的甜點

Saint-Honoré

[聖多諾黑]

重現『TRAITÉ DE PATISSERIE MODERNE』
的食譜

聖多諾黑
[Saint-Honoré]

Former en pâte à foncer un fond rond que l'on pique et borde, un peu en retrait, d'une couronne en pâte à choux; faire une spirale en même pâte au centre pour empêcher ce fonde de brûler. ❶ Dorer la couronne et cuire pendant 15 minutes environ.

Faire ensuite des petits choux, que l'on glace au sucre cuit cassé et que l'on colle sur le tour ❷ avec ce même sucre, un peu espacés les uns des autres. Garnir le fond d'une «crème dite à Saint-Honoré» et finir le dessus en plaçant symétriquement de la crème à la cuiller. ❸

❶ 為了防止底座（餅底脆皮麵團）烤焦，
在中央擠上漩渦狀的泡芙麵糊。
❷ 弄碎（熬煮到125～146℃的狀態）的砂糖
淋在小泡芙上面。
❸ 在底座擠上「聖多諾黑用奶油」，
上面用湯匙對稱地擺放聖多諾黑用奶油。

「聖多諾黑」誕生於19世紀。由甜點師傅希布斯特（Chiboust）設計，由於他在巴黎聖多諾黑街開店，所以取了這個名字。此外也有一說，是和甜點麵包師傅的守護聖人聖多諾黑有關。在樸素的古典甜點之中，雖是格外華麗的甜點，不過與現代的聖多諾黑相比，構成極為簡單。這是在餅底脆皮麵團擠上泡芙麵糊烘焙，用淋上焦糖的小泡芙裝飾。在中央擠上卡士達醬和打發蛋白加在一起的希布斯特奶油，正是經典的風格。

古典甜點中基本的奶油是，稱為「熟奶油」的卡士達醬。在《近代製菓概論TRAITÉ DE PATISSERIE MODERNE》裡面，以多種作法介紹以卡士達醬為基本製作的希布斯特奶油，作為「聖多諾黑用熟奶油」。我除了層次與風味，也思考保形性和保存問題等，參考這幾道食譜，決定在卡士達醬加上義式打發蛋白。調配牛奶和砂糖添加甜味的小泡芙，加進櫻桃白蘭地風味的卡士達醬，也是未見於古典食譜的改編。

增加配件改編！

只要用星形花嘴在小泡芙中間擠上咖啡風味鮮奶油，就會一口氣變成華麗的印象。加上些微苦味，味道也會出現變化。只需改變鮮奶油的風味，就有無限的變化。中央的杏仁片是外觀上與口感的強調重點。

改編成小蛋糕！

使用直徑6cm的餅底脆皮麵團製作小蛋糕。將聖多諾黑用熟奶油擠在中央，周圍放上2個小泡芙，再用充分打發的咖啡風味鮮奶油裝飾。

A 一般餅底脆皮麵團
[Pâte à Foncer Ordinaire]

材料（直徑14cm蛋糕模10個的份量）

冷水……約50g
鹽……2g
細砂糖……4g
低筋麵粉（日清製粉
「特級紫羅蘭」）*1……50g
高筋麵粉（日清製粉
「山茶花」）*1……50g
蛋黃*2……8g
奶油*3……6g

*1 加在一起過篩。　*2 攪散。
*3 融化調整成常溫。

┌ **古典的調配是？**
│ Farine［麵粉］……500g
│ Sel［鹽］……12g
│ Sucre［砂糖］……12g
│ Beurre［奶油］……250g
└ Eau［水］……約300mℓ

作法

❶ 冷水、鹽巴和細砂糖倒入調理碗，用打蛋器等用具攪拌。

❷ 在工作檯將低筋麵粉和高筋麵粉弄成麵粉牆（集中成像山一樣，中央凹下的狀態），在中央倒入①，周圍的麵粉稍微弄散，用手指攪拌。

❸ 蛋黃和奶油加進中央，一面弄散周圍的麵粉，一面用刮板將麵粉和水如切割般攪拌。

❹ 粉末消失，大致合在一起後，在工作檯撒上手粉，用手掌一邊按壓一邊揉和。揉成一團後用擀麵棍延展成厚3～5mm，用保鮮膜包好放進冰箱靜置一晚。

❸ ❹

B 一般泡芙麵糊
[Pâte à Choux Ordinaire]

材料與作法

→ 參照第64頁。準備容易製作的份量。

C 櫻桃白蘭地卡士達醬
[Crème Pâtissière au Kirsch]

材料與作法

→ 參照第64頁。準備容易製作的份量。
　在步驟②隔著冰水冷卻後，加入櫻桃白蘭地（適量）攪拌。

D 焦糖
[Caramel]

材料（容易製作的份量）

水……30g　細砂糖……100g

作法

❶ 水和細砂糖倒入鍋中轉到大火，加熱到變成褐色。

❷ 鍋底浸一下水，防止溫度上升。

E 聖多諾黑用熟奶油
[Crème Cuite pour Saint-Honoré]

材料（容易製作的份量）

◎義式打發蛋白
　細砂糖……200g
　水……50g
　蛋白……140g
◎卡士達醬
　蛋黃……70g
　細砂糖……50g
　香草莢*1……1/3條
　低筋麵粉（日清製粉
　「特級紫羅蘭」）……23g
　牛奶……170g
　明膠粉*2……5g
　冷水*2……30g

┌ **古典的調配是？**
│ Sucre en Poudre［細砂糖］
│ ……500g
│ Jaunes d'Œufs［蛋黃］……16顆
│ Farine［麵粉］……100g
│ Lait［牛奶］……1ℓ
│ Vanille（ou Café ou Cacao Foudu）
│ ［香草（或者咖啡或融化的巧克力）］
│ ……適量
│ Gélatine［明膠］……6～8片
│ Blancs d'Œufs［蛋白］
└ ……24～30顆

*1 從香草莢中取出香草籽，僅使用香草籽的部分。
*2 明膠粉用冷水浸泡。在古典食譜中，考慮到在店舖販售，
　為了提升保形性而添加明膠。

作法

❶ 製作義式打發蛋白。細砂糖和水倒入鍋中轉到大火，加熱到117℃，熬煮到變成軟球狀（冷卻後用手指勾起會變成小球體的狀態）。

❷ 蛋白倒入攪拌碗，以高速攪拌。呈現份量發白變得輕柔後，①沿著攪拌碗內側側面慢慢倒入。用打蛋器舀起能立起角狀時，就切換成中速，持續攪拌至變成約32℃。

❸ 製作卡士達醬。蛋黃、細砂糖、香草莢倒入調理碗中用打蛋器攪拌，然後加入低筋麵粉攪拌。

❹ 牛奶倒入銅碗烘烤，沸騰後一部分加入③攪拌。倒回裝有剩下牛奶的銅碗，轉到大火用打蛋器一邊攪拌一邊煮。變得黏稠後離火，利用餘熱想像烘烤，用打蛋器攪拌，變成滑順的狀態。

❺ 再次加熱攪拌，整體呈現光澤，失去彈性變得滑順後離火，摻入用冷水浸泡的明膠粉溶解。為了在下個步驟容易和義式打發蛋白混合，要做成淡一點。

❻ ②的約3分之1份量加入⑤，用打蛋器攪拌讓整體融合。氣泡破掉也沒關係，要充分攪拌。裝飾時會變得滑順。

❼ ②倒入調理碗再加上⑥，用橡膠刮刀如切割般大略攪拌，別弄破氣泡。注意打發蛋白要充分攪拌。攪拌到最後能從底部舀起來，就會變得均勻。

❷ ❺ ❻ ❼

組合、裝飾

作法

❶ A用擀麵棍延展成厚1.5mm。戳洞，用直徑14cm的模具抽出，排在烤盤上。

❷ B倒進裝了口徑9mm圓形花嘴的擠花袋，從①的邊緣離大約1cm的內側擠出環狀，再從中央往外側擠出漩渦狀。擠出漩渦狀時，花嘴接近A稍微擠壓麵皮，口感就會產生變化。為避免烘烤時膨脹得不好看，B要趁溫熱時擠完。

❸ 在另一個烤盤上，B擠成直徑2cm的球狀（小泡芙用）。

❹ 為了呈現光澤，把花嘴的痕跡弄平，在擠成環狀和球狀的B的表面用刷子塗上蛋液（額外份量）。

❺ ②和③用上火、下火皆為180℃的烤爐烘烤約15分鐘。B鼓起，烤到變色後，②的環狀麵糊的內側用圓形模具的底面壓著抑制膨脹。調成上火、下火皆170℃再烘烤約5分鐘。烤好後直接置於常溫下讓餘熱散去。

❻ 在小泡芙的上面，用竹籤或杏仁糕雕刻工具開洞。用橡膠刮刀攪拌變得滑順的C，倒進裝了直徑3mm圓形花嘴的擠花袋，滿滿的擠在小泡芙上。

❼ 在小泡芙底部平坦的部分沾上D，D的沾附面朝下放在鋪了烘焙紙的烤盤上，直接凝固。

❽ ⑤的餅底脆皮麵團放在工作檯上。E倒進裝了聖多諾黑花嘴的擠花袋，花嘴有切痕的一邊朝上，從擠成環狀的B的內側，往中心擠成圓頂狀。

❾ ⑦的小泡夫上面沾上少量的D，這一面朝下黏在環狀的B的上面。最初在十字的位置黏4個，然後在中間逐一黏上，合計用8個小泡芙裝飾。

從古典改編成藤生流

{ 一般餅底脆皮麵團 }

㊑ 所有材料同時加在一起

㊓ 分成2次攪拌

在古典食譜中，麵粉弄成麵粉牆，麵粉以外的材料放在中央，全部同時攪拌，不過我把粉類弄成麵粉牆，將攪拌過的冷水、鹽巴、細砂糖倒在中央，和周圍少量的粉類攪拌後，蛋黃和融化奶油再次加在中央全部混合在一起。一點一點地摻入盡可能抑制麩質的形成，就能裝飾鬆脆的口感。

{ 聖多諾黑用熟奶油 }

㊑ 摻入充分打發的蛋白

㊓ 摻入義式打發蛋白

所謂「聖多諾黑用熟奶油」是指希布斯特奶油。在古典食譜中，是在卡士達醬摻入充分打發的蛋白，不過我則是在蛋白加進熱糖漿，和打發的義式打發蛋白加在一起，提高保形性。

{ 組合、裝飾 }

㊑ 小泡芙有空洞

㊓ 擠上滿滿的卡士達醬

古典食譜中小泡芙裡沒有擠上任何東西，不過我擠上滿滿的櫻桃白蘭地散發香味的卡士達醬，讓整體的味道呈現深度。

㊑ 在小泡芙淋上焦糖

㊓ 用平坦地沾上焦糖的小泡芙裝飾

小泡芙底面沾上焦糖，這一面朝上裝飾正是我的手法。在底面沾上焦糖放在烘焙紙上凝固，變得平坦的部分較多，就能呈現美麗的成品。

Cyrano

［席哈諾］

重現『TRAITÉ DE PATISSERIE MODERNE』
的食譜

席哈諾
[Cyrano]

Battre sur le feu ainsi qu'une génoise ❶ : 200g de sucre avec 6 œufs entiers et 3 jaunes, ajouter une pincée de sel et vanille; laisser refroidir et mélanger avec 100g d'amandes hachées grillées, 100g de beurre fondu et bien chaud, 80g de farine de châtaignes. ❷ Remplir de cet appareil des cercles à flans garnis de papier beurré. Cuire à four moyen. ❸

❶ 和海綿蛋糕同樣一邊加熱一邊攪拌。
❷ 烤過弄碎的杏仁100g、
　充分烘烤的融化奶油100g、
　栗子粉80g混在一起。
❸ 用中火烘烤。

使用「熟奶油」（卡士達醬）的「席哈諾」，是以栗子為主角的古典甜點。擁有栗子香氣與甜味的麵糊，和滑順的栗子風味奶油所呈現的一體感深具魅力。古典的麵糊是一起打發，粉類只調配栗子粉。因為不使用麵粉，所以不會形成麩質，雖然保形性低，卻能產生獨特的口感和入口即化的感覺。在古典作法中摻入烤過弄碎的杏仁，在口感上增加強調重點。不過，我想表現濕潤的口感，所以改成調配杏仁粉。呈現出深刻有層次的滋味。

選用的奶油是應用卡士達醬的「席哈諾奶油」。在古典食譜中是添加栗子粉、燕麥粉和弄碎的杏仁糖，不過我把杏仁糖換成栗子奶油。藉此強調栗子的味道，與麵糊呈現一體的口感。不過，水分較多的栗子奶油加進去時，整體會變得太軟，所以要把燕麥粉換成高筋麵粉，讓麵糊有適度的硬度和黏性。覆蓋表面的席哈諾奶油，我仿做古典作法調配奶油，在提高保形性的同時，也表現出有層次的濃郁風味。

也要注意古典食譜中組合的工夫。蛋糕體切成2塊時，要防止奶油流出。另外，下面蛋糕體的中央切成稍微凹下，才能把滿滿的奶油夾住。收尾用的席哈諾奶油直接採用古典的食譜，並且調配奶油提高保形性。醃漬栗子和雕刻手藝等裝飾則是我所獨創。

A | 席哈諾麵糊
[Cyrano]

材料（口徑16.5×高4cm圓形模具約5個的份量）

全蛋*1……300g
蛋黃*1……60g
香草油……適量
細砂糖*2……200g
鹽*2……1撮
杏仁粉*3……100g
栗子粉*3……80g
奶油*4……100g

＊1、2 分別加在一起。
＊3 加在一起過篩。
＊4 融化調整成約50℃。

古典的調配是？

Sucre [砂糖] …… 200g
Œufs [全蛋] …… 6顆
Jaunes d'Œufs [蛋黃] …… 3顆
Sel [鹽] …… 1撮
Vanille [香草] …… 1撮
Amandes Hachées Grillées
[烤過弄碎的杏仁] …… 100g
Beurre Fondu
[融化奶油] …… 100g
Farine de Châtaignes
[栗子粉] …… 80g

作法

❶ 加在一起的全蛋和蛋黃、香草油、加在一起的細砂糖和鹽巴倒入調理碗中烘烤。用打蛋器一邊攪拌一邊烘烤至約38℃。

❷ 移到攪拌碗裡，以高速攪拌。含有空氣發白，變得輕柔後改成中速，攪拌至打蛋器的痕跡會確實留下的狀態。後半改成中速，將麵糊裡含有的氣泡調整得更細緻，讓麵糊穩定。

❸ 一邊添加加在一起過篩的杏仁粉和栗子粉，一邊用漏勺大略攪拌一下。

❹ 在③加入奶油，別讓奶油積在調理碗底部，攪拌至能從底部舀起來。出現光澤變得黏稠就OK。

B | 席哈諾奶油
[Crème à Cyrano]

材料（口徑16.5×高4cm圓形模具3個的份量）

蛋黃……40g
香草油……適量
純糖粉……62g
高筋麵粉（日清製粉「特級山茶花」）……30g
栗子粉……30g
牛奶……250g
栗子奶油……100g
奶油（收尾用）*……100g

＊室溫，打至濃稠乳霜狀。

古典的調配是？

Jaunes d'Œufs [蛋黃] …… 4顆
Sucre en Poudre
[細砂糖] …… 125g
Vanille [香草] …… 適量
Farine de Châtaignes
[栗子粉] …… 125g
Farine de Gruau [燕麥粉] …… 125g
Lait [牛奶] …… 1/2ℓ
Praliné Broyé
[弄碎的杏仁糖] …… 少量
Beurre [奶油] …… 100g（收尾用）

作法

❶ 蛋黃、香草油和純糖粉倒入調理碗中，用打蛋器攪拌至發白。

❷ 添加高筋麵粉和栗子粉，充分攪拌到粉末消失。

❸ 牛奶倒入銅碗用大火烘烤，沸騰後離火。

❹ ③的一半分成數次倒入②，每次都用打蛋器攪拌至變得滑順。

❺ ④倒回③的銅碗裡，再次用大火烘烤，用打蛋器一邊攪拌一邊煮。持續烘烤容易形成結塊，所以在整體開始凝固時，每次都要離火用打蛋器攪拌，變成滑順的狀態。整體出現光澤，失去彈性後便煮好了。但是，在下個步驟添加栗子奶油會變得柔軟，所以要煮成有點硬。

❻ 添加栗子奶油，攪拌至整體均勻滑順。

❼ 移至調理碗中，直接置於常溫下冷卻。

❽ 冷卻後分出3分之1份量作為收尾用，加入打成油脂狀的奶油攪拌。

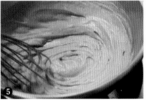

C | 醃漬栗子
[Confit de Marron]

材料（容易製作的份量）

純糖粉……80g
蘭姆酒……20g
糖煮栗子（市售品）……2顆／每個

作法

❶ 純糖粉和蘭姆酒倒入調理碗中攪拌。這時塞入糖煮栗子，排在放了烤網的烤盤上。

❷ 放進上火180℃、下火170℃的烤爐約2分鐘將表面烤乾。

烘烤

作法

❶ 口徑16.5×高4cm的圓形模具排在烤盤上，在上面噴灑烤盤油（額外份量），並在底部鋪上烘焙紙。

❷ 在①每次倒入150g的 Ⓐ。

❸ 用上火180℃、下火170℃的烤爐烘烤約30分鐘。

❹ 烤好後，用戴了工作手套的手輕輕按壓邊緣隆起的部分。讓餘熱散去，取下模具，烘烤面朝下冷卻。剛烤好時蛋糕體容易裂開，所以要等餘熱充分散去後再取下模具。

組合、裝飾

材料（1個的份量）

杏仁片*……適量
葉形雕刻……5～6片
＊用上火、下火皆160℃的烤爐烘烤約15分鐘，弄成粗一點的碎塊。

作法

❶ 用水果刀削掉烘烤取下模具的 Ⓐ 側面較硬的部分。

❷ 揭下烘焙紙，離上面約1cm下方，從側面往中央稍微往斜下用水果刀插入，轉一圈將蛋糕體切成2塊。下面的蛋糕體變成中央有些凹下。

❸ 在下面的蛋糕體放上未加入奶油攪拌的100g的 Ⓑ，用抹刀平坦地延展。

❹ 放上在②切開的上面的蛋糕體。

❺ 收尾用加入奶油攪拌的 Ⓑ 取適量放在④的上面，用抹刀在表面整體塗抹均勻。

❻ 剩下的收尾用加入奶油攪拌的 Ⓑ 倒進裝了星形花嘴的擠花袋，擠在⑤上面的邊緣。

❼ 在側面下方邊緣，貼上弄成粗一點的碎杏仁片。

❽ 用 Ⓒ 與葉形雕刻裝飾。

從古典改編成藤生流

{ 席哈諾麵糊 }

㊣ 加上烤過弄碎的杏仁

藤 調配杏仁粉

在古典食譜中是調配烤過弄碎的杏仁，不過我一面抑制杏仁的香氣，一面加上層次，為了也充分突顯栗子粉的風味，我調配了杏仁粉。由於顆粒很細，變得入口即化。此外，粉類只有用杏仁粉和栗子粉，所以不會形成麩質，麵糊的保形性低，烘烤後麵糊容易下沉，因此粉類與奶油以外的材料，要事先烘烤用高速的攪拌機使麵糊充分含有氣泡。收尾時以中速攪拌將氣泡調整得更細緻。製造均勻充分的氣泡，可防止麵糊大幅陷入。

{ 席哈諾奶油 }

㊣ 調配燕麥粉

藤 使用高筋麵粉

我調配高筋麵粉取代古典食譜中的燕麥粉。去掉燕麥特有的風味，表現栗子粉的風味，便成了許多人熟悉的簡單滋味。由於高筋麵粉會形成麩質，能呈現出有適度黏性的質感也是魅力之一。摻入栗子奶油會非常柔軟，因此煮得硬一點也是重點。

㊣ 摻入少量弄碎的杏仁糖

藤 摻入栗子奶油

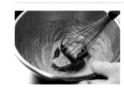

相較於摻入弄碎的杏仁糖，添加香氣與甜味，強調口感的古典作法，我為了強調栗子的滋味，摻入了栗子奶油。這是能表現出柔軟熱呼呼的栗子魅力，滋味與口感都比古典食譜更豐富的奶油。

{ 裝飾 }

㊣ 只用席哈諾奶油裝飾

藤 用醃漬栗子變得華麗

為了呈現栗子這個主角，我在裝飾上也下了一番工夫。不只是將古典食譜中的席哈諾奶油塗在表面，並用星形花嘴擠上，還用醃漬栗子和雕刻手藝裝飾。另外，烤過弄成粗一點的碎杏仁片裝飾在側面下方，在外觀和口感加上強調重點。

"假日蛋糕"

Tronc d'Arbre

[樹幹蛋糕]

重現『TRAITÉ DE PATISSERIE MODERNE』
的食譜

樹幹蛋糕

[Tronc d'Arbre]

Ramollir aux blancs 500g pâte d'amandes et dresser sur plaque cirée une bande de 30 à 35 centimètres de long sur 12 de large; la rouler une fois cuite autour d'une bouteille, faire deux ronds en même pâte pour le dessous et le couvercle, ❶ et 6 à 7 petits ronds qu'on roule pour imiter les nœuds. Coller la bûche sur fond et les nœuds de place en place avec du sucre cuit, imiter les rayures du bois sur le dessus avec de la glace royale rosée et l'écorce en meringue cuite chocolat ou café; douille cannelée. Quelques bouquets de mousse en pâte d'amandes verte pressée sur un tamis ou un semis de pistaches hachées. ❷ Se garnit crème Chantilly ou glace. ❸

❶ 由於用於蓋子和底部，所以製作2張圓形麵皮。
❷ 用粉紅色皇家糖霜加上木紋，用星形花嘴擠出烤過的巧克力風味或咖啡風味的打發蛋白模仿樹皮。然後裝飾幾束壓在篩子上製作的綠色杏仁塔皮，或細碎的開心果製作的苔類。
❸ 塞進鮮奶油或冰淇淋。

　　「Tronc d'Arbre」在法語中是樹幹的意思，這是一道聖誕節甜點。它被歸類於意味著節日甜點的「假日蛋糕」，在《近代製菓概論TRAITÉ DE PATISSERIE MODERNE》中與聖誕樹幹蛋糕並列刊出。在古典食譜中，是在杏仁塔皮擠上加進蛋白的麵糊，在烤成圓筒形的容器裡塞進鮮奶油或冰淇淋。不過，我為了能夠嚐久一點，改編成塞進烘培點心或糖果的禮品盒。也改編了麵糊的製法。我使用在杏仁糖粉加上蛋白的自製生杏仁膏，取代杏仁塔皮。這樣比較容易調整麵糊的硬度。

　　用粉紅糖霜加上木紋，把咖啡等風味的打發蛋白當成樹皮裝飾是古典的手法。也許是用這些遮住蛋糕體，所以並未清楚記載擠麵糊的花嘴種類。另一方面，我一邊活用麵糊的烘烤顏色和擠過的痕跡等感覺，一邊想表現樹幹，用雙孔花嘴擠出麵糊。收尾時則自由發揮。當成樹結的小圓筒形蛋糕體，裝飾的位置可隨意選擇。古典食譜中呈現出了當成苔類的綠色杏仁塔皮等，不過光是裝飾蘑菇形狀的打發蛋白也能充分表現樹幹。

改編成禮品版本！

烘烤後想要用雙孔花嘴擠出漂亮的鋸齒狀痕跡，重點就在於麵糊硬度的調整狀況。古典食譜中是在瓶子捲上蛋糕體做成圓筒形，然後加上冰淇淋等，不過我以包裝盒的印象為蛋糕體，利用罐子做成稍微大一點，直徑約10cm，塞進個別包裝的烘培點心等。

A 樹幹蛋糕麵糊
[Tronc d'Arbre]

材料（1個的份量）
杏仁糖粉＊……375g
蛋白……50g

＊杏仁粉和純糖粉以相同比例混合而成。

古典的調配是？

Pâte d'Amandes
[杏仁塔皮]……500g
Blancs d'Œufs [蛋白]……適量

作法
❶ 杏仁糖粉和蛋白倒入攪拌碗，用攪拌器以低速攪拌。結塊消失，整體變得滑順後便OK。
❷ 擠出作為大樹幹蛋糕（樹幹）的麵糊。①倒進裝了寬2cm雙孔花嘴的擠花袋，在鋪了烘焙紙的烤盤上擠出一條長約35cm的帶狀。
❸ 沿著②，別出現間隙，稍微重疊再擠出5條，變成約35×12cm的薄片狀。別讓麵糊在中途斷掉，重點是慢慢地擠出。麵糊較硬，在擠花袋裝了許多，用力時擠花袋有時會破掉，所以最多裝進長35cm的帶狀一條的份量，再重複裝入麵糊。
❹ 擠出作為小的樹幹蛋糕（樹結）的麵糊。①倒進裝了寬2cm雙孔花嘴的擠花袋，在鋪了烘焙紙的另一個烤盤上擠出9條長7.5cm的帶狀。
❺ 擠出作為底座的麵糊。①倒進裝了口徑1cm圓形花嘴的擠花袋，在④的烤盤空出的空間擠出漩渦狀，變成直徑約13cm的圓盤形。
❻ ⑤盡可能烤得平坦，用手輕輕拍打將表面弄平。

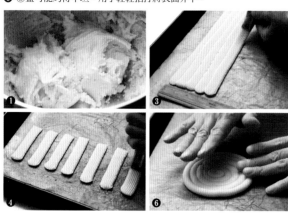

B 焦糖（黏著用）
[Caramel]

材料（容易製作的份量）
水……25g 細砂糖……100g

作法
❶ 水和細砂糖倒入鍋中用大火烘烤，煮到變褐色就離火。
❷ 鍋底趕快浸水防止溫度上升。

C 皇家糖霜
[Glace Royale]

材料（容易製作的份量）
蛋白……25g 純糖粉……100g
檸檬汁……適量 色素（綠色）……適量

作法
❶ 蛋白和少量檸檬汁倒入調理碗，純糖粉一邊過篩一邊添加，用打蛋器打發至含有空氣，發白變得輕柔，攪拌到出現光澤。如果太厚重，裝飾後可能會掉下來，所以蛋白要多調配一些，攪拌到充滿空氣，呈現出輕盈的質感。
❷ 添加色素，用橡膠刮刀攪拌。

烘烤

作法
❶ 放了大的樹幹蛋糕麵糊的烤盤，和放了小的樹幹蛋糕麵糊與底部麵糊的烤盤底下，分別再鋪上另一個烤盤。
❷ 大的樹幹蛋糕麵糊用上火、下火皆180～190℃的烤爐烘烤約15分鐘。烤到變褐色後，取下鋪在底下的烤盤，烤盤的跟前與內側對調，再烘烤5分鐘。
❸ 小的樹幹蛋糕麵糊和底部的麵糊，用上火、下火皆180～190℃的烤爐烘烤約10分鐘。烤到變褐色後，取下鋪在底下的烤盤，烤盤的跟前與內側對調，再烘烤5分鐘。每種麵糊都要確認烘烤狀態並調整時間。

組合1

作法
❶ 在直徑10×高10～12cm的罐子周圍，用氟化樹脂加工的烘焙紙，讓氟化樹脂那一面朝向外側捲起。
❷ 大的樹幹蛋糕麵糊烤好後，在烤盤包上烘焙紙，另一個烤盤連同烘焙紙翻過來。兩手戴上工作手套，揭下上面的烘焙紙。
❸ 連同鋪在底下的烘焙紙，將②纏在①上面，用手指輕輕按壓麵糊重疊的部分，讓它緊貼，變成筒狀。
❹ 用手調整形狀後取下罐子，揭下烘焙紙。
❺ 小的樹幹蛋糕麵糊烤好後，抹刀插入麵糊底下從烘焙紙揭下。趁熱時纏在直徑2～2.5cm的擀麵棍上面，用手指輕輕按壓麵糊重疊的部分，讓它緊貼，變成筒狀。用手調整形狀後取下擀麵棍。
❻ 底部的麵糊烤好後，趁熱用手或抹刀輕輕拍打，表面盡量弄平。藉此，大的樹幹蛋糕麵糊就能確實固定。冷卻後麵糊變硬會裂開，所以要趁熱快速成形。
❼ 所有的配件置於常溫下完全冷卻。

組合2、裝飾

材料（1個的份量）
◎蘑菇形狀的打發蛋白……做好取適量
　蛋白＊……90g
　細砂糖＊……150g
　純糖粉……100g
　可可粉……適量
聖誕老人人偶……1個
採摘的刺葉桂花……適量
喜歡的烘培點心或糖果……適量
巧克力片……1片
＊加在一起。

作法

❶ 製作蘑菇形狀的打發蛋白。加在一起的蛋白和細砂糖倒入攪拌碗用大火烘烤，不斷地用打蛋器一邊攪拌，一邊烘烤至約50℃。

❷ 把①放入攪拌機，高速打發到整體出現光澤，用打蛋器舀起能立起角狀。

❸ 在②加入純糖粉，用漏勺大略攪拌一下。

❹ 把③倒進裝了口徑1cm圓形花嘴的擠花袋，在鋪了烘焙紙的烤盤上，往上擠成短棒狀（蘑菇柄），花嘴不放開，往下壓擠出（蘑菇傘）。用手指按壓擠過的痕跡。

❺ 用上火、下火皆120℃的烤爐烘烤約50分鐘。置於常溫下冷卻，用濾茶網撒上可可粉。

❻ 立起變成筒形的大的樹幹蛋糕蛋糕體，下面的部分稍微浸在 B 的鍋中沾上焦糖。

❼ 底部的蛋糕體放在揉麵板上，在上面把⑥沾了焦糖的部分朝下重疊，黏著。

❽ 小的樹幹蛋糕蛋糕體側面的一部分沾上少量的 B，貼在⑦的大的樹幹蛋糕蛋糕體側面。可隨意貼在任何位置。

❾ C 倒入錐形袋，用剪刀剪開前端，想像常春藤在小的樹幹蛋糕蛋糕體側面纏繞，擠出花紋。

❿ 將⑤、聖誕老人人偶和採摘的刺葉桂花等放進小的樹幹蛋糕蛋糕體裡面。

⓫ 在大的樹幹蛋糕蛋糕體裡面倒入緩衝劑，放進烘培點心和糖果。隨意將巧克力片裝飾在任何位置。

❻　　❽

❾　　⓫

從古典改編成藤生流

{ 樹幹蛋糕麵糊 }

古 使用完成的杏仁塔皮

藤 從杏仁糖粉開始製作調整硬度

在古典食譜中，已經完成的杏仁塔皮用蛋白化開變軟，然後當成麵糊，不過我用杏仁粉和純糖粉製作杏仁糖粉，再加上蛋白製作自製生杏仁膏。若是自己做可以適當地加入蛋白調整硬度，所以效率佳。市售的生杏仁膏硬度已經固定，所以想調整成容易處理的軟硬度，得花一些時間。

{ 烘烤 }

古 沒有記載烘烤程度

藤 上面充分烤到變色

上面在組合時會變成在外側，所以為了呈現木頭的質感，要充分烤到變色（上圖）。但是，變成內側的這一面（接觸烤盤的一面），要是充分烘烤到變色，變得太硬在烘烤後就難以成形。因此，在擠上麵糊的烤盤底下要鋪上另一個烤盤，讓火候柔和，上面烤到有些變色後，就取下鋪在下面的烤盤，調整烘烤程度。接觸烤盤的一面幾乎沒有烤到變色，發白的色調也行（下圖）。因為會從上面充分烘烤，所以不會半生不熟。

{ 裝飾 }

古 藉由裝飾表現木頭質感

藤 蛋糕體的裝飾少一點

在古典食譜中，組合後用皇家糖霜擠出當成樹幹外皮的線條，或是將巧克力風味或咖啡風味的褐色打發蛋白當成樹皮裝飾，或是貼上用綠色杏仁塔皮製作的苔類裝飾。相對地，我活用雙孔花嘴擠出的麵糊痕跡，利用麵糊本身的感覺表現樹幹。用染成綠色的皇家糖霜描繪常春藤，利用蘑菇形狀的打發蛋白和市售的小東西簡單裝飾。

古 用蛋糕體的蓋子合上

藤 不製作蓋子，露出內容物

在古典食譜中，製作了用來塞冰淇淋或鮮奶油的容器，合上蓋子不讓人看見內容物。另一方面，我不製作蓋子，能清楚看見放在裡面的甜點，表現出另一番樂趣。

對於製作甜點的想法

在FUJIU進化的古典甜點

利用配合潮流的表現方法襯托出
時光流逝依舊不變的滋味

　　法式古典甜點是我製作甜點的基礎。自從約50年前的歐洲修業時期開始，這點並未改變。話雖如此，我有意願開始學習古典甜點是在回國後。透過致力於發展西式點心業界的山名將治老師開辦的學習會「法式蛋糕會」，我更深入地瞭解古典甜點，慢慢地推出商品。

　　食譜中刊出的法國古書並不少，在重現古典甜點時，我查閱了許多古書。每道食譜基本上只有文章，試作時，我先按照解說製作後再發現改良之處。如果欠缺詳細說明，就發揮想像力，必須體察作者的意圖，然後自己作出解釋。其中有些甜點別說說明了，甚至只有寫出材料，這種情況下我會先按照材料出現的順序，把材料加在一起。至於成形與烘烤的方法則一邊試作一邊摸索，風味與口感也配合現代的喜好改編。

　　有一點必須注意，就是不要過度改編。思考作為主角的味道是什麼？當成特色強調的部分是何處？探索該甜點的魅力十分重要。若是過度改編就會變成我的原創甜點。一邊留下各個古典甜點的根本部分，一邊加上我自己的解釋，做出配合潮流的風味與口感，尺寸與設計，於是誕生了「FUJIU的古典甜點」。古典甜點是所有法式甜點的基本。按照製作者的解釋，拓展甜點自由度的包容力也是古典甜點的深奧妙趣。

FUJIU的經典甜點

調配方式簡單，誰來製作都美味。
目標是成為流傳後世的甜點

　　不只從古典食譜中重現的甜點，我製作的甜點皆是從法式傳統甜點衍生而來，其中大多根據在巴黎的修業地點「Jean Millet」的食譜。老闆兼西點主廚尚·米勒（Jean Millet）先生，在我修業的1970年代陸續開發稱為「Nouvelle Patisserie（全新甜點）」，以慕斯為主所構成的輕盈甜點，他因而成為受到矚目嶄露頭角的糕點師之一。然而，即便是當時最新穎的甜點，重新調配研究後，仍有許多部分是以古典甜點為基礎，尤其和慕斯加在一起的麵糊，都是接近古典調配方式的基本款。其實我在30幾歲時，基本的食譜都有嘗試改編成自己的風格。我追求任何人都覺得美味，所有人都容易製作的食譜，但結果仍回歸於接近

古典甜點的製法。我發覺古典甜點在漫長的歷史中，經由不計其數的糕點師改良，不斷延續裝飾。

　　本店員工基本上錄用剛畢業的學生，經過5年後便建議他們邁向下一個修業地點。進公司第4～5年便已打下身為師傅的基礎，因此我給予他們設計原創甜點的機會，如果他們想出的甜點構思太過複雜，或是調配方式很難理解時，我一定會叫他們重新構思。例如，相對於1kg粉類調配的砂糖為263g的份量時，我會指示改良以砂糖250g思考的甜點。相對於1kg的13g差異，對於成品不會造成多大的影響。既然如此，就應該設計成任何人都容易懂的調配方式。我認為份量不成整數的食譜不會流傳到後世。既然要構思食譜，希望也能像古典甜點一樣，以流傳到100年後為目標。當然，這對我而言也一樣，我總是思考著能流傳到未來的甜點。

FUJIU的糖果

希望能藉由深具魅力的砂糖點心
傳達巴黎修業時期感受到的興奮感

　　糖果有麥芽糖、焦糖、水果糖、杏仁塔皮、巧克力點心等，種類廣泛，大多是在法國能便宜輕鬆購入的零食。無論過去或現在，它的定位都沒有改變，不過在我修業時期的巴黎，有許多糖果（砂糖點心）專賣店，常常見到一個個手作的糖果。當時，我被糖果顏色形狀的妙趣，和豐富的變化所吸引，因而頻繁地光顧糖果專賣店。如今工廠大量生產的糖果增加，提供自製糖果的店家減少了。在時代潮流中，我也想讓同是古典甜點的糖果製法流傳下去，自獨立創業以來，我便致力於糖果製作。包括像是焦糖、打發蛋白或牛軋糖等日本也比較熟悉的糖果，我閱讀古書，或是請教當糕點師的法國友人，並收集食譜，一邊追尋我在修業時期自己吃過的味道與外觀的記憶，一邊製成商品。配合日本的氣候與日本人的喜好不斷改良，逐漸增加商品數量。糖果的魅力不只是美味，也在於顏色形狀的妙趣。我也留意做出光是看著就令人興奮的設計。

　　這幾年法國甜點業界有著強烈的古典回歸傾向，以地方傳統點心或古典食譜中的樸素點心為基礎的商品變得很常見。即便如此，花費工夫與時間親手做糖果的師傅仍逐漸減少。我想一邊改良包含糖果在內的法式傳統甜點，今後也一邊盡力推廣傳統甜點的魅力。

II

Créations

FUJIU的
經典甜點

Fours Secs

Demi-Secs

Gâteaux Individuels

Entremets

Citron

[酸甜檸檬餅]

酸甜檸檬餅

[Citron]

　　以我在巴黎的修業地點「Jean Millet」的食譜為基礎。在Jean Millet直徑15cm的大小是固有尺寸，修業當時，這道是每天烘焙充滿回憶的甜點。我很喜歡清爽的檸檬香風味的麵糊和淋面醬的組合。回國後，我將檸檬改編成橢圓形。從本店開幕時便有販售。

　　清爽風味的祕訣，就是在麵糊裡大量添加磨碎的檸檬表皮。並且，淋面醬調配檸檬汁取代水，充分強調檸檬的酸味與香氣。鬆脆的蛋糕體，與爽口的淋面醬形成對比也很有魅力。另外，在蛋糕體塗上杏桃果漿再上一層淋面醬，讓味道呈現深度，同時裝飾光滑的表面。淋面醬用烤箱烤乾時，不要過度烘烤，正是產生美麗光澤的重點。

雖然稱做油酥塔皮，但製法是所謂的甜塔皮。麵糊用長徑7×短徑6.5cm的模具抽出，淋面醬調配黃色色素，裝飾印象中檸檬的淡黃色。另外，對於咀嚼的感覺也很講究，呈現厚5mm的份量感。也能感受到杏仁的芳香。

A 酸甜檸檬餅油酥塔皮
[Pâte Sablée au Citron]

材料（約110個的份量）
奶油*1……600g
純糖粉……400g
全蛋*2……220g
檸檬皮……4顆
杏仁粉……250g
高筋麵粉（日清製粉「傳奇」）……1kg
發粉……10g

＊1 室溫，打至濃稠乳霜狀。
＊2 攪散，隔水加熱調整成體溫溫度。

作法
❶ 奶油倒入攪拌碗，盡量別含有空氣，用攪拌器以低速攪拌。

❷ 純糖粉同時加入攪拌。

❸ 檸檬皮磨碎。

❹ 全蛋倒入調理碗中，加入③用打蛋器攪拌。全蛋一定要調整成體溫溫度。溫度太低時，直接對調理碗底部烘烤，攪拌到變成體溫。如果太涼，在下個步驟和奶油加在一起時就會不易混合。

❺ ④分成3～4次加入②攪拌。

❻ 杏仁粉、高筋麵粉、發粉同時加入攪拌。粉末稍微殘留時關掉攪拌器。

❼ 用刮板從底部舀起，整體攪拌均勻，避免攪拌不充分。裝進塑膠袋用手弄平，放進冰箱靜置一晚。

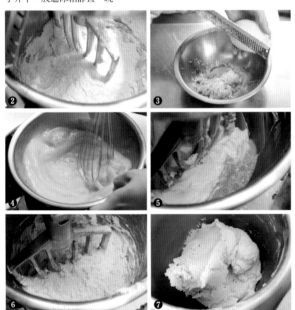

B 酸甜檸檬餅淋面醬
[Glace à l'Eau au Citron]

材料（容易製作的份量）
純糖粉……500g
檸檬汁……100g
色素（黃色）……適量

作法
❶ 純糖粉倒入調理碗，加進檸檬汁用橡膠刮刀攪拌均勻。檸檬汁的份量以純糖粉的20%為標準。

❷ 加進色素攪拌。

成形、烘烤

作法

❶ Ａ放在工作檯上，一邊使用刮刀一邊用手輕輕揉和，變成均勻的狀態。做成棒狀用擀麵棍延展成容易通過壓麵機的厚度。

❷ 通過壓麵機，延展成厚5mm。

❸ ②放在工作檯上，用長徑7×短徑6.5cm的橢圓形模具抽出。

❹ 排在烤盤上，用上火、下火皆160℃的烤爐烘烤約20分鐘。直接靜置一會兒冷卻。

裝飾

材料（110個的份量）

杏桃果漿（市售品）……適量

作法

❶ 杏桃果漿倒入鍋中，加入少量的水（額外份量）煮到沸騰。

❷ 用刷子把①塗在烘烤的Ａ上面。直接靜置一會兒讓①乾燥。

❸ ②塗上①的一面朝下，浸在Ｂ裡面。只有塗上①的一面浸泡到Ｂ。慢慢地撈起來，用手指擦掉多餘的Ｂ。

❹ ③沾上Ｂ的一面朝上排在烤盤上，放進上火、下火皆為200℃的烤爐1分30秒～2分鐘。Ｂ乾燥後便OK。注意如果Ｂ煮到咕嘟咕嘟地沸騰，裝飾時就會變得黏糊糊。

製法的重點

｛ 酸甜檸檬餅油酥塔皮 ｝

攪拌時盡量別含有空氣

不斷以低速攪拌，極力避免含有空氣。如果含有多餘的空氣，烘烤時麵糊會浮起，表面可能不會均勻平坦。

檸檬皮加進全蛋裡面

在攪散的全蛋裡加進磨碎的檸檬皮，在蛋裡面加入水分，雞蛋充分攪散，檸檬皮便容易均勻地混合。另外，由於檸檬皮份量多，在初期階段添加檸檬皮比較能均勻地混合。

最後用刮板攪拌

添加粉類，用攪拌機攪拌到稍微留下粉末，然後用刮板從底開始舀起攪拌均勻。用手能確實掌握狀態，也不會攪拌不充分。用攪拌機攪拌均勻，會形成許多麩質，口感不會酥脆，而是變硬。

｛ 裝飾 ｝

塗上杏桃果漿

烘烤面塗上杏桃果漿後，再上一層淋面醬，表面光滑，成品會更好看。添加與檸檬不同的酸甜滋味，使味道呈現深度。

乾花色小蛋糕

Palet

［奶油厚餅］

奶油厚餅

[Palet]

　　包括我愛讀的《近代製菓概論TRAITÉ DE PATISSERIE MODERNE》，法國古典食譜中命名為「Palet」的甜點經常出現。所謂Palet，在法語中是圓盤的意思，正如字面意思，是指圓形平坦的點心。在此介紹我獨創的點心。不使用雞蛋的麵團，特色是鬆脆、輕輕散開的口感。為了表現這種獨特的口感，重點是材料不要過度攪拌。若是過度攪拌麵團會變硬，要一邊將充分冷卻的奶油細碎地切開，一邊快速地和粉類加在一起。

　　在麵團摻入堅果，增添不一樣的口感。搭配輕柔口感的麵團，摻入的堅果也挑選軟一點的。香草風味的「pignon」在法語中的意思是「松果」，正如其名摻入松果，另一方面，有著濃郁可可風味的「chocolat」口味則摻入了夏威夷豆。此外，表面沾滿純糖粉烘烤，一邊加強甜味，一邊在樸素的外觀也增加強調重點。

由於不使用雞蛋，保形性較低，烘烤後變大表面所出現的裂紋也是特色。沾滿的純糖粉令人直接感受到甜味，烘烤後也會留下的純糖粉表現出個性鮮明的造型。鬆脆的蛋糕體和摻入的堅果，在口感上的平衡也很講究。

A 松果奶油厚餅

[Palet Pignon]

材料（約40個的份量）

高筋麵粉（日清製粉「傳奇」）*1……250g
杏仁糖粉*1．2……250g
奶油*3……250g
香草油……1g
松果*4……125g

＊1 加在一起過篩。
＊2 自製的馬可納杏仁粉和細砂糖
　　以相同比例混合而成。
＊3 放進冰箱冷卻。
＊4 用上火、下火皆160℃的烤爐烘烤約20分鐘。

作法

❶ 加在一起過篩的高筋麵粉和杏仁糖粉攤在工作檯上。在上面放上奶油，用菜刀切成1cm丁塊。

❷ 用2支刮刀把奶油切碎。

❸ 想像在粉類之中摻入奶油，用刮刀把粉類和奶油從底部舀起混合。迅速作業，別讓奶油融解與粉類過度融合。

❹ 一部分用手輕輕按壓弄平，滴下香草油，用手將整體大致混合。奶油顆粒仍留著。

❺ 用手輕輕按壓❹弄平，放上松果。用刮刀舀起麵團蓋住松果，用手輕輕按壓，均勻地摻入松果。

❻ 揉成一團切成兩半，分別做成長約30cm的棒狀。用保鮮膜包好放進冰箱靜置一晚。

B 巧克力奶油厚餅

[Palet Chocolat]

材料（約40個的份量）

高筋麵粉（日清製粉「傳奇」）*1……170g
杏仁糖粉*1．2……250g
可可粉*1……80g
奶油*3……250g
鮮奶油（乳脂肪含量27％）*4……50g
香草油*4……1g
夏威夷豆*5……250g

＊1 加在一起過篩。
＊2 自製的馬可納杏仁粉和細砂糖以相同比例混合而成。
＊3 放進冰箱冷卻。
＊4 加在一起放進冰箱冷卻。
＊5 切粗粒，用上火、下火皆160℃的烤爐烘烤20～30分鐘。

作法

❶ 加在一起過篩的高筋麵粉、杏仁糖粉和可可粉攤在工作檯上。放上奶油，用菜刀切成1cm丁塊。

❷ 用2支刮刀將奶油切碎。

❸ 想像將奶油摻入粉類之中，用刮刀將粉類與奶油從底部舀起混合。迅速作業，別讓奶油融解與粉類過度融合。

❹ ❸弄成麵粉牆（集中成像山一樣，中央凹下的狀態），加在一起的鮮奶油和香草油倒入中央。

❺ 用刮刀從底部舀起麵團蓋在鮮奶油上面，用手輕輕按壓，大致混合。奶油顆粒仍留著。

❻ 用手輕輕按壓❺弄平，放上夏威夷豆。和❺相同，把夏威夷豆均勻地摻入。

❼ 揉成一團切成兩半，分別做成長約30cm的棒狀。用保鮮膜包好放進冰箱靜置一晚。

烘烤、裝飾

材料（約40個的份量）

純糖粉……適量

作法

❶ A 分別撕成22g，B 分別撕成26g，用手搓圓。

❷ 在鋪了烘焙紙的烤盤上撒滿純糖粉，放上①從上面用手按壓，變成1cm的厚度。

❸ 在鋪了烘焙紙的烤盤上，②沾了純糖粉的一面朝上排列。

❹ 用打開風門的160℃的對流烤箱烘烤約25分鐘。

製法的重點

{ 松果奶油厚餅&巧克力奶油厚餅 }

奶油充分冷卻

奶油與柔軟的粉類過度融合會變成紮實的麵團，因此口感變得太硬。要用剛從冰箱拿出來，充分冷卻的奶油，切碎和粉類混合。另外，材料都不用揉搓，想像加在一起大致混合，就能呈現出酥脆的口感和在嘴裡輕輕散開的感覺。

{ 烘烤、裝飾 }

烘烤前沾滿純糖粉

烘烤前讓麵團沾滿純糖粉，烘烤後純糖粉才會確實留下。除了能直接感受甜味，在外觀也能增添變化。沾上純糖粉，麵團本身就抑制了甜味。

No.03 Fours Secs

乾花色小蛋糕

Niçois

［ 尼斯 ］

尼斯

[Niçois]

　　雖然忘了出處，但原本我是在古典食譜中找到乾花色小蛋糕。「Niçois」在法語中是尼斯風的意思，這是與南法城市尼斯有關的甜點。雖然不清楚名字的由來，但是用雙孔花嘴擠出烘焙的蛋糕體外觀，或許能令人想像在尼斯海岸拍打的波浪。杏仁芳香的蛋糕體，這樣就十分美味，不過香草風味的蛋糕體夾上奶油杏仁糖；巧克力風味的蛋糕體夾上覆盆子果漿，能呈現出更豐富的滋味。

　　相較於麵粉份量，雞蛋與奶油調配較多的蛋糕體，輕輕散開的口感深具魅力。另一方面，麵粉份量少就不太會形成麩質，因為連結較弱，所以容易碎掉。以低速～中速攪拌，一面盡量不含有空氣，一面攪拌均勻，為了讓材料充分結合，必須下工夫呈現出不易散開的蛋糕體。

香草風味的蛋糕體夾上牛奶巧克力與杏仁糖加在一起的奶油；巧克力風味的蛋糕體則夾上能享受種子口感的覆盆子果漿。蛋糕體豐富的滋味，讓風味更加提升。在巧克力風味的麵糊加進少量鹽巴，增添清爽感。

A 香草尼斯
[Niçois Vanille]

材料（約60個的份量）
奶油*1……250g
杏仁糖粉（市售品）……250g
全蛋*2·3……85g
香草油*3……適量
高筋麵粉（日清製粉「傳奇」）……250g

＊1 室溫，打至濃稠乳霜狀。
＊2 攪散，隔水加熱調整成體溫溫度。
＊3 加在一起。

作法

❶ 奶油倒入攪拌碗，用攪拌器以低速攪拌。

❷ 杏仁糖粉同時加入攪拌。

❸ 切換成中速，加在一起的全蛋和香草油分成2～3次加入攪拌。

❹ 切換成低速，高筋麵粉同時加入攪拌到沒有粉末。

❺ 用刮板從底部舀起，攪拌至整體均勻。移到烤盤上。

❻ ⑤倒進裝了寬2.3cm雙孔花嘴的擠花袋，在鋪了烘焙紙的烤盤上，橫向擠出一條長5cm的帶狀，在跟前別形成間隙，麵糊稍微重疊擠出另一條。若是形成間隙，或是有些部分較薄，就會容易裂開，因此要擠成厚度均勻。

❼ 用160℃的對流烤箱烘烤約22分鐘。直接置於常溫下冷卻。

B 奶油杏仁糖
[Crème Plariné]

材料（容易製作的份量）
牛奶巧克力A
（嘉麗寶「823 Callets」／可可含量33.6%）……125g
◎杏仁糖……做好取125g
　牛奶巧克力B
　（嘉麗寶「嘉麗寶823」／可可含量35%）……100g
　榛果杏仁糖（市售品）……500g
　杏仁果仁糖（市售品）……500g

作法

❶ 牛奶巧克力A倒入調理碗隔水加熱，調整成28～29℃。

❷ 製作杏仁糖。牛奶巧克力B倒入調理碗隔水加熱融解，榛果杏仁糖和杏仁果仁糖加進去攪拌。

❸ ②加進①攪拌。

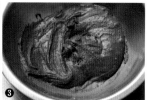

C 巧克力尼斯
[Niçois Chocolat]

材料（約60個的份量）
奶油*1……250g
杏仁糖粉（市售品）……250g
全蛋*2·3……85g
鹽*3……適量
高筋麵粉（日清製粉「傳奇」）……160g
可可粉……90g

＊1 室溫，打至濃稠乳霜狀。
＊2 攪散，隔水加熱調整成體溫溫度。
＊3 加在一起。

作法

❶ 奶油倒入攪拌碗，用攪拌器以低速攪拌。

❷ 杏仁糖粉同時加入攪拌。

❸ 切換成中速，加在一起的全蛋和鹽巴分成2～3次加入攪拌。

❹ 切換成低速，高筋麵粉和可可粉分別一次加入。充分攪拌到沒有粉末，整體均勻。

❺ 用刮板從底部舀起，繼續充分攪拌。移到烤盤上。

❻ ⑤倒進裝了寬2.3cm雙孔花嘴的擠花袋，在鋪了烘焙紙的烤盤上，橫向擠出一條長5cm的帶狀，在跟前別形成間隙，麵糊稍微重疊擠出另一條。擠成厚度均勻。

❼ 用160℃的對流烤箱烘烤約22分鐘。直接在常溫下冷卻。

D 覆盆子果漿
[Confiture de Framboises]

材料（容易製作的份量）
◎覆盆子果漿……做好取150g
　覆盆子果醬……50g
　水……50g
　麥芽糖……50g
　細砂糖*……100g
　果膠*……5g
覆盆子（冷凍、細碎）……30g
＊加在一起。

作法
❶ 覆盆子果醬、水、麥芽糖、細砂糖和果膠加進鍋中用中火烘烤，用打蛋器大略攪拌一下。
❷ 不時用打蛋器攪拌，沸騰時別讓鍋底燒焦。熬煮到氣泡變小，出現黏性。
❸ 離火移至調理碗中。
❹ 150g的③和覆盆子倒入鍋中用中火烘烤，用橡膠刮刀一邊攪拌一邊煮滾，別讓鍋底燒焦。移至調理碗中，用保鮮膜貼緊，放進冰箱靜置一晚。

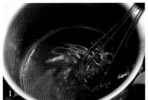
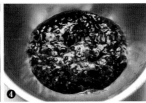

組合、裝飾

作法
❶ 裝飾香草尼斯。一片Ａ烘烤面朝下用手拿著，用抹刀在中央放上4g的Ｂ。
❷ 一片Ａ烘烤面朝上疊在①的上面，用手輕輕按壓。注意Ｂ別從蛋糕體擠出來。
❸ 裝飾巧克力尼斯。用Ｃ取代Ａ，用Ｄ取代Ｂ，和步驟①～②進行相同作業。但是，每一份使用3g的Ｄ。

製法的重點

{ 香草尼斯＆巧克力尼斯 }

不能含有多餘的空氣

如果以高速攪拌，在奶油、麵糊整體都會有太多空氣進入，擠出時不僅容易斷掉，烘烤後也容易裂開。不斷以低速～中速攪拌，不能含有多餘的空氣。

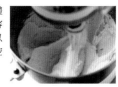

充分混合

輕輕散開的口感十分有魅力，不過另一方面也是非常脆弱的蛋糕體，所以要充分混合，使各個材料牢固地結合，變成不易裂開的蛋糕體。如果太硬就不易擠出，太軟又容易鬆弛，因

此也要考慮作業性。為了提升作業性，除了奶油要回到室溫打成油脂狀，全蛋也要烘烤到體溫溫度，必須下工夫讓奶油和全蛋與粉類容易融合。

{ 巧克力尼斯 }

整體充分攪拌融合

調配可可粉，比香草尼斯的高筋麵粉比例更少，形成的麩質也較少，往往會變成更脆弱、容易裂開的蛋糕體。因此重點是充分攪拌，使粉末消失，整體確實融合均勻。

Carré Alsacien

[阿爾薩斯杏仁酥餅]

阿爾薩斯杏仁酥餅

[Carré Alsacien]

　　在味道略苦，濃郁的焦糖裡頭摻入滿滿杏仁片的法式牛軋糖；酥脆口感的千層派皮；酸甜覆盆子果漿的組合。「阿爾薩斯杏仁酥餅」是在小四方形中加進豐富的味道與口感的法國阿爾薩斯地方鄉土點心。味道的組合與形狀不變，為了讓輕盈、不錯的口感與深刻的滋味更加突出，我下了不少功夫。

　　為了這道甜點，對千層派皮設計了獨創的調配與製法。一般高筋麵粉和低筋麵粉是以8：2的比例調配，不過在這道甜點中全部份量都使用高筋麵粉。折入次數多也增加層次，強調酥脆、輕盈且有咬勁的口感。因此，與香氣十足的法式牛軋糖在口感上也取得平衡。我研究了抑制麵皮鼓起的時機、法式牛軋糖的熬煮情況、和切開方式，同時也追求美觀的外表。

充分煮過發揮麵粉美味的千層派皮；焦糖略苦甜味與杏仁芳香合在一起的法式牛軋糖；滿滿果實感的覆盆子果漿的酸甜滋味十分突出。法式牛軋糖的光澤也是魅力之一。

A 特殊千層派皮
[Pâte Feuilletée Spéciale]

材料（容易製作的份量。做好取540g使用，約40個的份量）

發酵奶油……900g
高筋麵粉A（日清製粉「山茶花」）……400g
高筋麵粉B（日清製粉「山茶花」）*1……600g
鹽*1……20g
醋*1‧2……4.5g
冷水*2……290～320g
＊1 放進冰箱冷卻。　＊2 加在一起。

作法

❶ 製作折入用奶油麵皮。發酵奶油倒入攪拌碗，用攪拌器以低速攪拌。

❷ 高筋麵粉A同時加入，攪拌均勻。

❸ ②裝進塑膠袋，用手掌攤開成約20×20cm的正方形，用擀麵棍弄平。用小刀在塑膠袋的角開個小洞，擠出空氣，麵糊更容易遍布四角。

❹ 用2塊揉麵板夾住③，放進冰箱靜置一晚。

❺ 製作千層派麵團。高筋麵粉B和鹽巴倒入攪拌碗。

❻ 加在一起的醋和冷水加進⑤，用攪拌勾以低速攪拌。

❼ 變成一體後放在工作檯上。用手揉和到出現光澤，表面延展揉成一團。

❽ 用小刀在表面劃一道深深的十字切痕，裝進塑膠袋放進冰箱靜置一晚。

❾ ⑧放在撒上手粉（額外份量，以下皆同）的工作檯上，從切痕中央往四邊攤平，用手拍打成正方形。然後用擀麵棍延展成約35×35cm。

❿ 在⑨的中央④的邊角錯開45度放上去，⑨的四角往中央折疊包起來。用手用力按壓麵皮的接縫。

⓫ 用擀麵棍用力按壓，讓千層派麵團和奶油麵皮貼緊。

⓬ 用擀麵棍延展成厚2～2.5cm的長方形，才會容易通過壓麵機。

⓭ 通過壓麵機，延展成約70×35cm的長方形。

⓮ ⑬以橫向的狀態從左往內側折4分之1，從右往內側折4分之3。用擀麵棍按壓讓麵皮緊貼。最後用擀麵棍在中央縱向加上凹處，在下個步驟便容易折成2折。

⓯ 折成2折，用擀麵棍按壓讓麵皮緊貼。

⓰ ⑭變更方向90度通過壓麵機，延展成約70×35cm的長方形。

⓱ ⑯以橫向的狀態從左右折3折，用擀麵棍按壓讓麵皮緊貼。用刷子刷掉多餘的手粉，再用保鮮膜包好放進冰箱靜置30分鐘～1小時。

⓲ ⑫～⑰的作業再進行2次（合計3次）。最後放進冰箱靜置一晚。

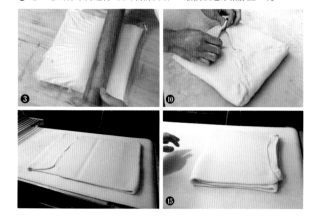

⓮

B 法式牛軋糖
[Nougatine]

材料（6×5cm長方形約40個的份量）

蜂蜜……50g
麥芽糖……50g
奶油……100g
鮮奶油（乳脂肪含量35％）……75g
香草油……2g
細砂糖……150g
杏仁片……180g

作法

❶ 杏仁片以外的材料倒入鍋中用中火烘烤，用橡膠刮刀一邊攪拌一邊烘烤。整體慢慢地煮成淡褐色，氣泡變大出現黏性。

❷ 整體變成深褐色後從鍋內緣移至中央，用橡膠刮刀舀起，變得黏糊地滑落時就關火。

❸ 杏仁片加進②攪拌。

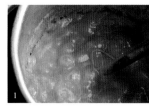

C 覆盆子果漿
[Confiture de Framboise]

材料（容易製作的份量）

覆盆子果醬……100g
細砂糖*……110g
果膠*……2g
檸檬酸（粉末）……1g
＊混合。

作法

❶ 所有材料倒進鍋中用中火烘烤，用打蛋器大略攪拌。

❷ 不時用打蛋器攪拌，熬煮時別讓鍋底燒焦。

❸ ②移到調理碗中，用保鮮膜貼緊，放進冰箱靜置一晚。

烘烤1

作法

❶ Ａ橫向放在工作檯上，用小刀縱向切成8等分（每個約270g）。使用其中2個，分別用擀麵棍延展成厚2×2.5cm的長方形。

❷ 通過壓麵機，分別延展成45×35cm的長方形。放在60×40cm的烤盤上，戳洞。

❸ 在整體撒上薄薄一層細砂糖（額外份量）。

❹ 放進上火、下火皆200℃的烤爐。

❺ 放進烤箱經過7～8分鐘，麵皮膨脹表面烤到微微變色後，在上面放上同尺寸的烤盤，再烘烤10～15分鐘。

❻ 烤好後放在揉麵板上，在上面蓋上烘焙紙，放上同尺寸的烤盤，抑制膨脹。取下蓋上的烤盤和烘焙紙，趁熱切掉邊緣變成40×30cm的長方形。讓餘熱散去。

烘烤2、組合

作法

❶ 經過烘烤1的一片Ａ，烘烤面朝上放在60×40cm的烤盤上。熬煮過立刻用橡膠刮刀舀起的Ｂ放在表面數處。Ｂ從麵皮邊緣內側留下約1cm，用橡膠刮刀延展到整體。杏仁片不要過度重疊，厚度要均勻。

❷ 用160℃的對流烤箱烘烤約20分鐘。

❸ 餘熱散去後用小刀切成6×5cm的長方形。

❹ 經過烘烤1的另一片Ａ，烘烤面朝上放在工作檯上。在麵皮中央放上Ｃ，用橡膠刮刀在整體塗上薄薄一層。

❺ ③的法式牛軋糖朝上疊在④的上面。用L形抹刀一次放上3～4塊很有效率。

❻ 用波刃麵包刀配合疊在上面的麵皮大小切開。

製法的重點

｛ 特殊千層派皮 ｝

做成1728層加強酥脆的口感

一般的千層派皮是折3折6次製作，不過我是折4折1次、折3折1次，合計進行3次增加層次，烘烤時層次之間不要浮起，表現出爽脆度的口感。與上面的法式牛軋糖有咬勁的口感也取得平衡。粉類全都使用高筋麵粉，也是為了確實打造麵皮的主體。

｛ 法式牛軋糖 ｝

充分熬煮

從鍋內緣集中到能剝落為止，要充分熬煮。如果熬煮方式太隨便，烘烤時會從麵皮裡流出來。另外，煮乾後要立刻塗在特殊千層派皮上面。要是冷卻凝固，就無法延展均勻。烤好後調整形狀的特殊千層派皮在餘熱散去時，開始塞進法式牛軋糖，就會合乎時機。

｛ 烘烤1 ｝

注意烤盤重疊的時機

烘烤特殊千層派皮時，表面乾燥開始膨脹，烤到微微變成褐色再放上烤盤。烤盤放得太早，層次就會過度壓扁；放得太慢麵皮就會裂開。

｛ 烘烤2 ｝

下工夫別讓法式牛軋糖流出來

在特殊千層派皮上攤開法式牛軋糖時，從邊緣留下約1cm的空白，烘烤時法式牛軋糖就不易流到派皮外面。另外，烘烤時流出來的法式牛軋糖，可以用抹刀放回麵皮上面調整形狀。

｛ 裝飾 ｝

切得好看

疊上法式牛軋糖的特殊千層派皮先切好，和塗上覆盆子果漿的特殊千層派皮重疊黏在一起。配合上面派皮的尺寸切開下面的派皮。上面派皮的法式牛軋糖餘熱散去後，變成柔軟但不會流出的狀態後再切開。切開時，餘熱沒有散去就會流出來，反之冷卻凝固就會裂開。

乾花色小蛋糕

Bretzel

[榛果德國結]

榛果德國結

[Bretzel]

「榛果德國結」像是人抱著胳膊的形狀令人印象深刻。在德國和法國阿爾薩斯地方很常見，利用發酵麵團，做成像麵包的鹽味傳統點心非常有名，不過我所製作的甜點，是根據我在維也納的老店「Heiner」修業時期遇見的乾花色小蛋糕。Heiner的作法是在千層派皮疊上油酥塔皮，不過我把油酥塔皮改成有滿滿榛果的獨創配料，用延展得極薄的千層派皮包住，切成細繩狀後成形再烘烤。一面強調榛果芳香的風味，一面以2種不同的口感呈現妙趣。

配料是用榛果和純糖粉加在一起磨得粗一點，再和奶油、蛋白和高筋麵粉混合製作而成。使用滿滿的配料正是這道甜點的特色，不過這種配料尤其容易鬆弛，因此放進冰箱適度冷卻變紮實一點，並且快速作業正是重點所在。

千層派皮使用烘烤時膨脹較小的3折派皮或4折派皮，與烘烤時幾乎不會膨脹的配料取得平衡，成品就會很漂亮。這道甜點能嚐到鬆脆輕盈的千層派皮，和酥脆咬勁的配料這2種口感。

A 千層薄皮派皮

[Pâte Feuilletée Fine]

材料與作法

→ 參照第56頁。準備容易製作的份量。做好取1740g使用，約240個的份量。同樣進行至第56頁的步驟⑮，之後進行以下的作業。但是，烘烤時最好使用膨脹較小的3折派皮或4折派皮。

❶ 派皮橫向放在工作檯上，用菜刀縱向切成8等分（每個約290g）。其中6個（合計約1740g）和成形不足時所用的另一個，用擀麵棍延展成厚2～2.5cm的長方形。

❷ 通過撒上手粉（額外份量）的壓麵機，延展成58×38cm×厚1.3mm的薄薄長方形。

❸ 移到鋪了烘焙紙的烤盤上，在整體戳洞，放進冰箱靜置1小時以上。

B 配料

[Garniture]

材料（約240個的份量）

榛果（去皮）*1……600g
純糖粉A……600g
奶油*2……1kg
純糖粉B……400g
蛋白*3……200g
高筋麵粉（日清製粉「傳奇」）……900g

＊1 用上火、下火皆160℃的烤爐烘烤20～25分鐘。
＊2 室溫，打至濃稠乳霜狀。
＊3 攪散。

作法

❶ 榛果和純糖粉A倒入Robot Coupe，攪成粗一點。

❷ 奶油倒入攪拌碗，用攪拌器以低速攪拌。

❸ 純糖粉B同時加入②攪拌。純糖粉融入奶油後切換成中速，攪拌到發白。

❹ 蛋白分成3～4次加入，每次都充分攪拌融合。

❺ 切換成低速，①一次加入，攪拌至整體融合。

❻ 切換成中速，同時加入高筋麵粉，大致攪拌後關掉攪拌器。粉末稍微殘留即可。

❼ 除去沾在調理碗內側側面的麵糊，用刮板從底部舀起充分攪拌，避免攪拌不充分。

❽ 分成6個，每個600g，排在烤盤上。包上保鮮膜放進冰箱靜置一晚。

❾ 在工作檯撒上手粉（額外份量，以下皆同）放上⑧。分別切成3～4等分，重疊用手掌按壓。一邊折疊一邊用手輕輕揉和，變得均勻。

❿ 用手把⑨揉成一團，變成長約30cm的棒狀。

⓫ 在工作檯鋪上烘焙紙撒上手粉。高5mm的棒子間隔約30cm放在左右，在中間將⑩橫向擺放。

⓬ 擀麵棍在跟前和內側滾動，延展成30×35cm的長方形。放進冷凍庫靜置1小時以上。

成形

作法

❶ Ⓐ一片一片連同烘焙紙縱向放在工作檯上,用刷子將水(額外份量)塗在表面整體。

❷ Ⓑ橫向放在①的中央,從跟前和內側連同烘焙紙折起①包住Ⓑ。揭下沾在折起的派皮上的烘焙紙。如果①的長度不夠使Ⓑ露出時(如圖),就用刷子將水塗在露出的Ⓑ,從另一片Ⓐ切出符合間隙的尺寸,貼在間隙上。

❸ 左右兩端用派皮滾輪器切割。包上保鮮膜放進冷凍庫靜置約1小時。

❹ ③橫向放在工作檯上,用菜刀縱向切成8等分(寬約4cm)。先切成4等分,每2片重疊,再切成兩半會更有效率。

❺ ④分別縱向切成5等分(寬約0.8cm)。

❻ 在工作檯撒上手粉,⑤橫向放上。用手在跟前和內側滾動扭轉。

❼ 用手拿著兩端,左端疊在上面做出一個環。

❽ 拿起右端的部分往左斜方內側插入環裡面。左端的部分也拿起來,在上面交叉,往右斜方內側插入環裡面,調整成榛果德國結的形狀。

烘烤、裝飾

材料(約240個的份量)

純糖粉……適量

作法

❶ 排在鋪了烘焙紙的烤盤上,用160℃的對流烤箱烘烤約30分鐘。烤好後直接在常溫下充分冷卻。

❷ 排在鋪了烘焙紙的烤盤上,撒滿純糖粉。每2片重疊撒上純糖粉,取下上層在下層撒上純糖粉,就不會占地方。

製法的重點

〔 配料 〕

使用前和純糖粉一起磨榛果

為了把榛果的芳香風味活用到極限,使用前要和純糖粉加在一起,把榛果磨得粗一點。如果份量很多,可分成2次以上處理。

加入高筋麵粉後以中速攪拌

杏仁糖粉攪拌結束後切換成中速,加入高筋麵粉攪拌。適度地含有空氣,在前一步驟加入的蛋白便容易融合。

充分冷卻

相較於粉類和蛋白的份量,奶油和砂糖較多,所以曾變成柔軟、容易鬆弛的狀態。所有材料攪拌結束,揉成一團分割後,包上保鮮膜放進冰箱靜置一晚,連中心都充分冷卻。如果不紮實一點,成形的作業就會很難進行。

〔 成形 〕

考慮作業性,麵團適度地冷卻

相較於千層薄皮派皮,配料的份量較多,因為是容易鬆弛的麵團,所以變軟後要適時地放進冰箱,麵團冷卻變得紮實便容易作業。

〔 裝飾 〕

收尾的純糖粉也是味道的一部分

最後用撒滿的純糖粉添加甜味,所以配料調配成比較不甜。

Chaussons Napolitains

［納布勒斯香頌］

納布勒斯香頌

[Chaussons Napolitains]

　　提到命名為香頌的甜點，「蘋果香頌」（第54頁）十分具
有代表性，不過意指「納布勒斯的拖鞋」的「納布勒斯香
頌」，可說是一種變形的甜點。貝殼形狀很有特色，用千層
派皮包住卡士達醬，大多歸類為酥皮可頌，一般大小和蘋果
香頌相同。

　　我把這道甜點的尺寸改編成5～6cm大的花飾小蛋糕。奶油
換成杏仁奶油和卡士達醬以相同比例加在一起的法蘭奇巴尼
奶油餡，呈現出濃郁的滋味。在延展成薄片狀的千層派皮塗上
薄薄一層法蘭奇巴尼奶油餡一層層地捲起來，然後切成圓
片，再次延展成薄橢圓形，包上法蘭奇巴尼奶油餡。在派皮
撒滿純糖粉烘烤，讓表面焦糖化，一面強調酥脆的口感，一
面表現出甜味與香味。

法蘭奇巴尼奶油餡不只是用派皮包住，
藉由在派皮塗上薄薄一層，整體風味更
加豐富。呈現出尺寸雖小卻令人印象深
刻的滋味。塗在派皮上的法蘭奇巴尼奶
油餡在成形時會露出表面，所以烘烤後
會充分烤到變色，浮現美麗的花紋。

A 千層薄皮派皮
[Pâte Feuilletée Fine]

材料與作法
→ 參照第56頁。準備容易製作的份量。做好取580g使用，約為30個的份量。同樣進行至第56頁的步驟⑮，之後進行以下的作業。

❶ 派皮分出580g，通過壓麵機延展成厚3mm。

❷ 切成40×30cm，放在鋪了烘焙紙的烤盤上，然後放進冰箱靜置30分鐘。

B 卡士達醬
[Crème Pâtissière]

材料（容易製作的份量）
蛋黃*1……80g
香草莢*2……1/2條
純糖粉……125g
低筋麵粉（日清製粉「特級紫羅蘭」）*3……25g
玉米澱粉*3……25g
牛奶……500g
奶油……12g

＊1 攪散。
＊2 從豆莢取出豆子。也使用豆莢。
＊3 加在一起過篩。

作法
❶ 蛋黃、香草籽和一半的純糖粉倒入調理碗，用打蛋器攪拌至發白。

❷ 加進低筋麵粉和玉米澱粉，慢慢攪拌別出現黏性。

❸ 牛奶、香草莢豆莢、剩下的純糖粉倒入銅碗用大火烘烤。烘烤時不時用打蛋器攪拌，在沸騰前去掉香草莢豆莢。

❹ 沸騰後將一部分加入②攪拌。然後倒回銅碗，轉到大火用打蛋器一邊攪拌一邊煮。變得黏稠後離火，利用餘熱想像烘烤，用打蛋器攪拌，變成有點軟的滑順狀態。

❺ 再次烘烤，拿著打蛋器的手變重，開始沸騰後離火，將奶油攪拌融解。

❻ 移到調理碗中隔著冰水冷卻，用保鮮膜貼緊放進冰箱靜置。

C 杏仁奶油
[Crème d'Amandes]

材料（容易製作的份量）
奶油*1……100g
純糖粉……100g
全蛋*2……55g
鮮奶油（乳脂肪含量27%）……25g
杏仁粉……100g

＊1 室溫，打至濃稠乳霜狀。
＊2 攪散，隔水加熱調整成體溫。

作法
❶ 奶油和純糖粉倒入調理碗，用打蛋器攪拌。

❷ 純糖粉溶解融合後，全蛋分成3次加入，每次都充分攪拌。

❸ 加入鮮奶油攪拌。

❹ 添加杏仁粉，用橡膠刮刀攪拌到粉末消失。

D 法蘭奇巴尼奶油餡
[Crème Frangipane]

材料（約30個的份量）
卡士達醬（B）……100g
杏仁奶油（C）……100g

作法
❶ B 倒入調理碗，用橡膠刮刀攪拌變得滑順。

❷ C 倒入另一只調理碗，一部分加入①攪拌。倒回裝了 C 的調理碗，攪拌一下。

組合、烘烤

材料（約30個的份量）

純糖粉……適量

作法

❶ Ⓐ放在鋪了烘焙紙的揉麵板上，用L形抹刀將50g的Ⓓ在整體塗上薄薄一層。

❷ ①縱向擺放，從跟前到內側捲起派皮。放進冰箱靜置約2小時。

❸ 用波刃麵包刀切成寬約1cm。

❹ 在鋪了烘焙紙的揉麵板上撒滿純糖粉，切口朝向上下放上③，底面沾上糖粉。用濾茶網在上面撒上糖粉。

❺ 蓋上烘焙紙，用擀麵棍延展成長徑約10cm的橢圓形。

❻ 150g的Ⓓ倒進裝了口徑1cm的圓形花嘴擠花袋，在⑤的中央逐一擠上5g。

❼ 派皮折成2折，用手指輕輕按壓派皮的接縫，讓派皮緊貼。放在烤盤上，用濾茶網撒滿純糖粉。

❽ 用160℃的對流烤箱烘烤約45分鐘。中途，上面變成焦糖色（放進烤箱約30分鐘後為標準）就把派皮翻過來。

製法的重點

{ 杏仁奶油 }

使用鮮奶油增添濃郁的奶味

調配乳脂肪含量27％的鮮奶油，呈現出溫合乳味和濃郁滋味。加入鮮奶油，減少全蛋的份量，藉由抑制雞蛋的風味，充分突顯杏仁的風味。

{ 法蘭奇巴尼奶油餡 }

呈現出不錯的口感

卡士達醬用小火烘烤。整體稍微烘烤，變黏稠後離火，呈現有點軟的滑順狀態。另一方面，杏仁奶油要注意材料的溫度帶。相較於奶油，液體以接近等量調配，所以不易混合，溫度差太多有時還會分離。全蛋加溫到接近體溫，鮮奶油回到常溫，便容易混合，充分融合。如此呈現出卡士達醬與杏仁奶油加在一起的法蘭奇巴尼奶油餡，即使烘烤也能保持不錯的口感。

{ 組合、烘烤 }

撒滿純糖粉

用擀麵棍把派皮延展成橢圓形時，派皮表裡沾滿純糖粉，此外，包了法蘭奇巴尼奶油餡之後也要撒滿純糖粉。滿滿的純糖粉在烘烤時焦糖化，能強調酥脆的口感，也增添香氣與甜味。

乾花色小蛋糕

法式煎餅

法式煎餅

我很喜歡撒滿粗糖的「粗糖煎餅」，醬油和砂糖產生的甜鹹滋味，和粗糖酥酥的口感，我想透過法式甜點來表現，於是設計了完全原創的乾花色小蛋糕。因為粗糖煎餅是構思的源頭，所以我命名為「法式煎餅」。

製法非常簡單。獨創的麵團做成圓盤狀沾滿粗糖，用奶油和香料類當作配料烘烤而成。麵團只需用手混合材料。為了活用配料的風味，麵團不使用奶油，改成調配鮮奶油和橄欖油。香料挑選有辣味的黑胡椒、有異國香味的小茴香和肉豆蔻、色彩鮮豔的紅椒和荷蘭芹。感受到粗糖酥酥的口感和甜味後，隨著麵團豐富的口感，類似醬油的焦奶油的濃郁鹹味，和刺激的香味在嘴裡滿溢。

為了呈現豐富的「煎餅」口感，麵團盡量不含有空氣，要烤得硬一點。麵團略微的鹹味襯托出粗糖的甜味。另外，奶油和香料使味道產生深度，儘管外觀樸素，卻藉由複雜的滋味表現驚奇感。

A 法式煎餅麵團

材料（約48個的份量）

高筋麵粉（日清製粉「傳奇」）……600g
細砂糖……120g
鹽……10g
鮮奶油（乳脂肪含量35%）……20g
橄欖油……20g
全蛋……360g

作法

❶ 所有材料倒入調理碗中，用手一邊讓高筋麵粉吸收水分一邊攪拌。
❷ 合在一起後，用手一邊轉動調理碗一邊揉和。變成粉末消失狀態均勻即可。

成形、烘烤

材料（1個的份量）

粗糖……適量	小茴香（粉狀）……適量
奶油*……適量	紅椒（粉狀）……適量
黑胡椒（粉狀）……適量	乾燥荷蘭芹（粉狀）……適量
肉豆蔻（粉狀）……適量	＊切成1cm丁塊，放進冰箱冷卻。

作法

❶ A 分別撕成23g，排在鋪了烘焙紙的揉麵板上。
❷ 在另一塊揉麵板撒上手粉（額外份量），放上①用手搓圓。
❸ 在鋪了烘焙紙的揉麵板上放上滿滿的粗糖，在②撒滿粗糖。用手掌壓平，繼續在表裡撒滿粗糖。
❹ ③直接放在粗糖上，用擀麵棍延展成直徑約8cm的圓形。
❺ ④排在烤盤上，在麵團中央各放上2個切成1cm丁塊的奶油。
❻ 在奶油上面，依序撒上少量的黑胡椒、肉豆蔻、小茴香、紅椒、乾燥荷蘭芹。
❼ 用160℃的對流烤箱烘烤約30分鐘。

製法的重點

｛ 法式煎餅麵團 ｝

麵團本身的甜味少一點

因為成形時撒滿粗糖，所以抑制了麵團本身的甜味。不使用奶油，而是使用橄欖油和鮮奶油，不強調麵團本身的風味，而是活用放在麵團上的奶油和香料的風味。

｛ 成形 ｝

沾滿粗糖

印象是「粗糖煎餅」。為了強調酥脆的口感與甜味，在麵團表裡撒滿粗糖。此外，在粗糖上面延展麵團，讓麵團充分沾上粗糖。

｛ 烘烤 ｝

在奶油上面撒上香料

在麵團中央放上奶油，再從上面撒上香料。烘烤時，奶油會從中央往外側溶出，所以如果在奶油上面撒上香料，就會和奶油一起擴散，外觀也會很好看。同時也要注意顏色搭配，最後撒上紅椒和乾燥荷蘭芹。

Alcazar

［阿卡薩］

阿卡薩
[Alcazar]

　　「Alcazar」在西班牙語中是「城堡」的意思，是一種西班牙傳統甜點，不過我在法國古典食譜中也有看到過。我在巴黎「Jean Millet」的修業時期，當時餐後甜點部門的西點主廚，西班牙人費南多·阿列馬尼（Fernando Alemania）（Fernando Alemania）先生傳授食譜給我，這道甜點正是以此為基礎。原本是在甜塔皮塞進杏桃果漿和費南雪麵糊，並且用杏仁塔皮裝飾的甜點，不過他不用費南雪麵糊，而是使用在打發蛋白摻入杏仁粉的麵糊製作。口感鬆脆的甜塔皮，和濃郁散發芳香、輕盈卻濕潤的麵糊形成絕佳平衡，這種滋味令我深受感動。

　　回國後，我在烘烤方式下工夫、設計鳳梨風味等，加以改編製作了20年之久。倒在甜塔皮上的阿卡薩麵糊，在烘烤時充分浮起是我的堅持，我讓濕潤的質感和輕盈感並存。

阿卡薩麵糊是原創麵糊。烘烤時會垂直浮起，側面上方形成的裙邊部分（麵糊浮起變成蕾絲狀的部分），我驗證了麵糊的混合方式、烘烤的溫度與時間等，不斷地嘗試學習。本書將介紹鳳梨風味。

A 甜塔皮

[Pâte Sucrée]

材料（口徑16.5×高4cm圓形模具約10個的份量）

奶油*¹……500g
純糖粉……350g
全蛋*²……175g
杏仁粉……150g
高筋麵粉（日清製粉「傳奇」）*³……800g
鹽*³……5g

＊1 室溫，打至濃稠乳霜狀。
＊2 攪散，隔水加熱調整成體溫溫度。
＊3 加在一起。

作法

❶ 奶油倒入攪拌碗，用攪拌器以低速攪拌。

❷ 純糖粉同時加入攪拌。

❸ 切換成中速，全蛋分成3～4次加入攪拌。

❹ 杏仁粉同時加入攪拌。

❺ 切換成低速，加在一起的高筋麵粉和鹽巴同時加入攪拌。在此之所以切換成低速，是因為不要讓高筋麵粉飛散。粉末稍微殘留時關掉攪拌器。

❻ 用刮板能從底部舀起來，攪拌至整體均勻，避免攪拌不充分。

❼ 倒進塑膠袋用手壓平，放進冰箱靜置一晚。

❽ ⑦放在工作檯上，一邊折疊一邊用手輕輕揉和均勻。變成棒狀，用擀麵棍延展成容易通過壓麵機的厚度。

❾ 通過壓麵機，延展成厚3mm。

❿ 使用模具把⑨切成直徑22cm的圓形。放在鋪了烘焙紙的揉麵板上，然後放進冰箱靜置約1小時。

⓫ ⑩鋪在內側塗上奶油（額外份量）的圓形模具上。一邊轉動模具，一邊讓麵糊充分貼緊模具，別讓多餘的空氣跑進去。

⓬ 從模具擠出的多餘麵糊用水果刀切掉。往模具外側朝斜下方切出切口。放進冰箱靜置約30分鐘。

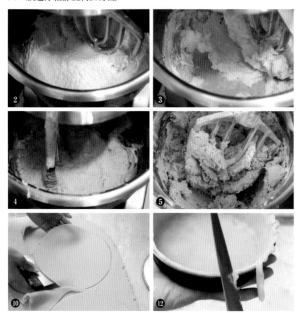

B 阿卡薩麵糊

[Pâte pour 《Alcazar》]

材料（口徑16.5×高4cm圓形模具6個的份量）

杏仁粉（帶皮）*¹……375g
細砂糖A……325g
全蛋*²·³……275g
蛋黃*²·³……80g
香草莢*³……1/2條
蛋白……90g
細砂糖B……75g
奶油……190g
鳳梨利口酒……75g

＊1 用生杏仁做成自製杏仁粉。
＊2 加在一起攪散。
＊3 從香草莢豆莢取出豆子，和全蛋、蛋黃加在一起。

作法

❶ 杏仁粉和細砂糖A倒入攪拌碗，加進加在一起的全蛋和蛋黃與香草籽，用攪拌器以低速攪拌到發白。

❷ 和①的作業同時進行，蛋白倒入另一只攪拌碗，以中速打發。含有空氣發白，變得輕柔後，細砂糖B同時加入，用打蛋器舀起，打發至形成角狀，變成會立刻滴下來的狀態。

❸ 奶油倒入鍋中，烘烤融解。添加鳳梨利口酒，調整成約50℃。

❹ 在①加進③，以低速攪拌。

❺ 在④同時加進②，用漏勺弄破氣泡，充分攪拌。

組合、烘烤、裝飾

材料（口徑16.5×高4cm圓形模具6個的份量）

醃漬鳳梨（市售品）……600g
純糖粉*……適量
裝飾用糖粉*……適量
*加在一起。

作法

❶ 醃漬鳳梨各放上100g在 Ⓐ 上面。

❷ ①排在烤盤上，分別倒入240～250g的 Ⓑ。高度的標準是，低於模具邊緣大約1cm。拿模具輕輕敲打烤盤，抽出空氣。

❸ 用打開風門，上火、下火皆190℃的烤爐烘烤約20分鐘。Ⓑ 垂直拿起，側面上方形成有如裙邊的部分（麵糊浮起變成蕾絲狀的部分）後，上火、下火皆降到160℃，烘烤約30分鐘。

❹ 烤好後立刻取下模具，排在揉麵板上冷卻。

❺ ④完全冷卻後，加在一起的2種糖粉在上面用濾茶網撒上去。

製法的重點

{ 甜塔皮 }

以低速→中速→低速攪拌

奶油和純糖粉以低速攪拌，盡量別含有空氣。加入全蛋後，奶油與全蛋以中速攪拌充分融合，再維持中速加入杏仁粉攪拌。高筋麵粉和鹽巴混合時要改成低速。這是為了避免顆粒細的高筋麵粉飛散。烘烤時為了避免塔皮浮起，基本上不要含有空氣。

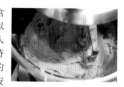

最後使用刮板用手攪拌

和「酸甜檸檬餅油酥塔皮」（第84頁）相同，投入粉類後，用攪拌機攪拌到粉末稍微殘留，然後用刮板從底部舀起攪拌，調整狀態。

{ 阿卡薩麵糊 }

以低速→中速攪拌

基本上以低速攪拌到發白，別含有多餘的空氣。以中速攪拌打發蛋白，是為了提升作業性。低速會花太多時間。但是，在立起角狀之前要停止。麵糊整體跑進太多空氣，烘烤時麵糊就不會垂直地浮起，側面上方不會形成有如裙邊的部分（麵糊浮起變成蕾絲狀的部分），而且會鬆弛。攪拌時要想像摻入所有材料，而不是打發。

用漏勺一邊弄破氣泡一邊攪拌

最後，用漏勺大致弄破氣泡攪拌。如果留下太多氣泡，烘烤時中央若大大地隆起，上面就會有很深的裂痕，成品就不好看。

{ 烘烤 }

以高溫烘烤後，慢慢地烘烤

最初的20分鐘以高溫烘烤，麵糊垂直浮起，在側面上方形成有如裙邊的部分。裙邊的部分形成後降低溫度慢慢烘烤，連麵糊中央都烤熟，就會呈現出濕潤、柔軟的口感。

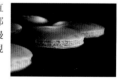

Fruits aux Amandes

[水果杏仁蛋糕]

水果杏仁蛋糕

[Fruits aux Amandes]

　　我想製作組合不同口感麵糊的甜點，於是在10年前設計了這道半生烘焙甜點。酥脆的甜塔皮、摻入滿滿醃漬水果的柔軟杏仁奶油、和散發蘭姆酒清香的海綿蛋糕體疊在一起。一般的海綿蛋糕體，特色是輕柔的口感，不過它和甜塔皮的口感對比太強烈就會平衡不佳，所以調配大量杏仁粉和打碎成粗粒的核桃，儘管輕柔，卻呈現了濕潤的口感。

　　想要把海綿蛋糕體做成濕潤細緻的質感，攪拌方式也是重點。用高速的攪拌機把雞蛋和砂糖攪拌到含有許多空氣，就切換成中速調整氣泡。添加粉類和奶油之後，不要弄破氣泡，並且攪拌到出現光澤，讓狀態穩定，就能呈現出細緻的蛋糕體。

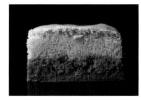

芳香的甜塔皮、充滿水果鮮味的杏仁奶油、堅果的香味和蘭姆酒的醇香，正是海綿蛋糕的魅力。為了呈現一體感，平衡度十分重要。2次烘烤的甜塔皮調整烘烤溫度避免烤焦，杏仁奶油的厚度則弄成1cm。

A 甜塔皮
[Pâte Sucrée]

材料與作法
→ 參照第112頁。準備容易製作的份量。34×8.3×高5cm蛋糕框約12個的份量。同樣進行至第112頁的步驟⑦，之後進行以下的作業。
❶ 塔皮放在工作檯上，一邊折疊一邊用手輕輕揉和均勻。弄成棒狀，用擀麵棍延展成容易通過壓麵機的厚度。
❷ 通過壓麵機，延展成厚3mm。
❸ 在②戳洞，放上34×8.3×高5cm的蛋糕框，在離蛋糕框約5mm外側切開。
❹ ③排在烤盤上，放上蛋糕框。用上火、下火皆160℃的烤爐烘烤約15分鐘。烤好後直接置於常溫下冷卻。

B 醃漬水果杏仁奶油
[Crème d'Amandes aux Fruits Confits]

材料（34×8.3×高5cm蛋糕框3個的份量）
◎杏仁奶油……做好取550g
　奶油*[1]……200g
　純糖粉……200g
　全蛋*[2]……110g
　鮮奶油（乳脂肪含量27%）……50g
　杏仁粉……200g
醃漬水果（市售品）*[3]……500g
*1 室溫，打至濃稠乳霜狀。　　*2 攪散，隔水加熱調整成體溫溫度。
*3 葡萄乾、柳橙、檸檬、櫻桃、鳳梨混合而成。

作法
❶ 製作杏仁奶油。奶油和純糖粉倒入調理碗，用打蛋器攪拌。全蛋分成3次加入，每次都充分攪拌。
❷ 在①加進鮮奶油攪拌。
❸ 添加杏仁粉，用橡膠刮刀攪拌到粉末消失。
❹ 550g的③倒入另一只調理碗，加入醃漬水果攪拌。
❺ ④倒進裝了直徑2cm圓形花嘴的擠花袋，分別擠出約350g的 A 。用橡膠刮刀將表面弄平。

C 海綿蛋糕體
[Pâte à Génoise]

材料（34×8.3×高5cm蛋糕框3個的份量）
全蛋*[1]……245g
蛋黃*[1]……40g
細砂糖……125g
杏仁粉*[2]……65g
高筋麵粉（日清製粉「傳奇」）*[2]……65g
玉米澱粉*[2]……30g
核桃（打碎成粗粒）*[2]……40g
奶油……95g
蘭姆酒（麥斯蘭姆酒）*[3]……30g
香草油*[3]……1.5g
*1、2、3 分別加在一起。

作法
❶ 加在一起的全蛋、蛋黃和細砂糖倒入調理碗烘烤。用打蛋器一邊攪拌一邊烘烤至約38℃。
❷ ①移到攪拌碗，以高速攪拌。含有空氣發白，變得輕柔後改成中速，攪拌到確實留下打蛋器的痕跡。用打蛋器舀起，變成會形成角狀立即滴下即可。後半改成中速，麵糊裡含有的氣泡調整得更細緻，麵糊就會穩定。
❸ 一邊添加摻入核桃的粉類，一邊用漏勺從底部舀起來，大略混合到粉末不見。
❹ 奶油倒入鍋中，烘烤融解。加進加在一起的蘭姆酒和香草油，調整到約50℃。
❺ 在③加入④，攪拌到出現光澤。從底部舀起攪拌，避免奶油等積在調理碗底部。

組合、烘烤、裝飾

作法

❶ 在 Ⓑ 分別倒入約230g的 Ⓒ 。

❷ 用上火190℃、下火160℃的烤爐烘烤約40分鐘。

❸ 烤好後立刻在蛋糕框內側側面插入水果刀，和下面的甜塔皮一起切開。冷卻後配料和海綿蛋糕體緊緊黏在模具上會變得很難切，所以要趁熱時處理。

❹ 取下蛋糕框，除去多餘的甜塔皮。移到揉麵板上冷卻。

❺ ④橫向擺放，用波刃麵包刀縱向切成兩半。

製法的重點

｛ 甜塔皮 ｝

乾烤淺一點

甜塔皮的乾烤，表面烤到稍微變色即可。如果充分烘焙，醃漬水果杏仁奶油和海綿蛋糕體流出後，再度烘烤時就會烤焦。

｛ 海綿蛋糕體 ｝

最初含有許多空氣

全蛋、蛋黃、細砂糖加在一起用打蛋器一邊攪拌一邊加溫到約38℃，然後以高速攪拌到發白輕柔，並含有許多空氣。之後切換成中速調整狀態。如此一來，加入粉類和奶油攪拌也不會弄破太多氣泡，烘烤時能均勻膨脹，變成濕潤的口感。含有空氣後不調整狀態就加入粉類和奶油攪拌，氣泡會弄破，口感也會變差。

｛ 烘烤 ｝

甜塔皮用不會烤焦的火候烘烤

乾烤的甜塔皮疊上醃漬水果杏仁奶油和海綿蛋糕體烘烤時，由於甜塔皮已經稍微烘烤，所以烤爐下火的溫度要調低一點。用上火190℃、下火160℃烘烤約40分鐘。

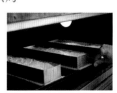

半生烘焙甜點

The Chocolat

[巧克力]

巧克力

[The Chocolat]

　　這是我在東京立川的「Emilie Floge」擔任西點主廚時設計的甜點。原點是古典食譜中記載的巧克力麵糊。雞蛋只使用蛋黃，混合成黏土狀的水和杏仁粉，加上大量奶油與黑巧克力的手法相當有意思。濕潤、入口即化、濃郁的滋味，和我以往熟知的巧克力麵糊都不同。因此，以此為基礎的麵糊用巧克力包覆，我決定做成全是巧克力的甜點。不斷地嘗試學習後，這是我持續製作超過30年的自信之作。

　　雖然在麵糊裡調配巧克力，但為了呈現輕盈感與深度，外層挑選可可含量33.6％的牛奶巧克力。利用調溫的方式，在麵糊淋上厚厚一層，就能充分感受圓潤的巧克力風味。削去表面讓厚度均等，同時呈現樸素的印象，提出一道日常的甜點。

商品名稱基於「這才是巧克力點心」的印象命名。麵糊裡低筋麵粉和太白粉以相同比例調配，表現出輕輕散開的口感與入口即化。冷卻後烘烤時膨脹的中央容易凹下，所以要下工夫盡量烤得平坦，追求美麗的形狀。

A　巧克力麵糊
[Pâte pour《The Chocolat》]

材料（12.2×6×高6.8cm磅蛋糕模13個的份量）

奶油*1……500g
蛋黃*2……240g
細砂糖……500g
香草莢*3……1條
杏仁粉……250g
水……80g
杏仁精……約0.8g
黑巧克力
（卡瑪「Coin Amer 65%」／可可含量65%）*4……500g
低筋麵粉（日清製粉「特級紫羅蘭」）*5……100g
太白粉*5……100g

＊1 室溫，打至濃稠乳霜狀。
＊2 攪散。
＊3 從香草莢中取出香草籽，僅使用香草籽的部分。
＊4 隔水加熱融解，調整成32～33℃。
＊5 加在一起過篩。

作法

❶ 奶油倒入攪拌碗，用攪拌器以低速攪拌。

❷ 蛋黃、細砂糖和香草籽倒入另一只攪拌碗，用打蛋器以中速攪拌。進行到步驟❽之前，含有空氣發白，變得輕柔後，用打蛋器舀起要能黏稠地流下且留下痕跡。

❸ 和❷的作業同時進行，杏仁粉倒入另一只攪拌碗，用攪拌器以低速攪拌。倒入水和杏仁精，攪拌到合在一起變黏土狀。

❹ 把❶分成4～5次加進❸，每次都充分攪拌。

❺ 黑巧克力倒入調理碗中。加進約4分之1份量的❹，用打蛋器充分攪拌至均勻滑順的狀態。

❻ ❺加進❹，以低速攪拌。整體大略混合即可。

❼ 加在一起過篩的低筋麵粉和太白粉同時加進❻。

❽ ❷同時加進❼，用木刮刀從底部舀起來，攪拌到出現光澤，避免攪拌不充分。

烘烤

作法

❶ 在12.2×6×高6.8cm的磅蛋糕模底部鋪上烘焙紙。因為是奶油多，容易取下模具的麵糊，所以不用在模具內側塗奶油，或是噴灑烤盤油。

❷ A倒進裝了口徑2.5cm圓形花嘴的擠花袋，在❶逐一擠上約150g。

❸ ❷排在烤盤上，上面再放上烤盤蓋上蓋子，用上火180℃、下火160℃的烤爐烘烤約20分鐘。

❹ 取下蓋上蓋子的烤盤，再烘烤約20分鐘。

❺ 先從烤箱取出，用同尺寸的模具底部輕輕按壓蛋糕體，把上面弄平，再烘烤10～15分鐘。最初按壓整體，之後可以像是把四個角壓扁般按壓。烘烤時間合計50～55分鐘。

❻ 烤好後，再次用同尺寸的模具底部輕輕按壓蛋糕體，把上面弄平，直接靜置一會兒讓餘熱散去。

❼ 餘熱散去後取下模具，烘烤面朝下放在用水沾濕擰乾的抹布上，揭下烘焙紙。

❽ ❼的烘烤面朝上排在鋪了烘焙紙的揉麵板上，直接完全冷卻。雖然也可以放進冰箱，不過表面變得太冷，收尾作業就會變困難，所以放進冰箱冷卻時要注意。

裝飾

材料（容易製作的份量）

牛奶巧克力
（嘉麗寶「823 Callets」／可可含量33.6%）……適量

作法

❶ 調溫。牛奶巧克力倒入調理碗隔水加熱融解，調整成45～50℃。

❷ ①的約4分之3份量攤在大理石上，用L形抹刀和刮刀攤開集中降低溫度，調整為27℃。

❸ ②倒回①的調理碗中，用橡膠刮刀攪拌到整體變得濃厚。標準為大約29℃。如果高於29℃，就將少量的牛奶巧克力攤在大理石上，進行和②相同的作業然後倒回調理碗，調整整體的溫度。

❹ 用抹刀塗薄薄一層③在烘烤過的 A 烘烤面上面。放進冰箱幾分鐘讓表面冷卻凝固。藉此下個步驟中在麵糊整體塗層時，就能防止麵糊塌掉。

❺ ④塗了③的一面朝下放在木刮刀上，用勺子從上面淋上滿滿的③。用抹刀調整成有厚度，並把多餘的③刮掉，將表面弄平。

❻ 烤網放在烤盤上，排上⑤。放進冰箱，讓牛奶巧克力充分冷卻凝固。

❼ 用湯匙把⑥的上面和側面削掉薄薄一層弄平。

製法的重點

｛ 巧克力麵糊 ｝

黑巧克力調整成32～33℃

將杏仁粉、水、杏仁精、奶油攪拌後加在一起的黑巧克力調整成32～33℃。如果溫度太低，奶油凝固就會分離。另外，杏仁粉和奶油等混合而成的4分之1份量與黑巧克力混合後，剩下的也摻入，整體便容易融合。

注意摻入時機

在各步驟維持適當的溫度與狀態，並且順暢地作業十分重要。杏仁粉、奶油和黑巧克力等混合後，要立刻能和其餘粉類、攪拌到含有空氣變得輕柔的蛋黃、細砂糖和香草籽加在一起。假如蛋黃類太晚攪拌結束，摻入黑巧克力的麵糊變涼變硬，再加入蛋黃類就會很難融合。

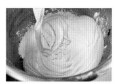

｛ 烘烤 ｝

抑制膨脹烘焙而成

從古典食譜中採用麵糊，然後用牛奶巧克力包覆改編。這種麵糊烘焙後會膨脹，冷卻後中央會凹陷，所以我思考了盡量變得平坦的烘烤方式。最初蓋上蓋子，從下面烘烤做出主體，中途取下蓋子從上面烘烤，抑制膨脹。

另外，烘烤中途與烘烤後用同尺寸的模具底部按壓麵糊，使烘烤面平坦。藉此，塗層裝飾時也會很漂亮。

｛ 裝飾 ｝

用牛奶巧克力做出厚厚塗層

塗層用的牛奶巧克力，比用於巧克力糖塗層用的調溫更低。溫度調低為約29℃，充分出現黏度變成黏黏的質感，就能厚厚地塗層。

Gâteau Basque

[巴斯克蛋糕]

巴斯克蛋糕
[Gâteau Basque]

　　隔著庇里牛斯山脈，橫跨法國與西班牙的巴斯克地區的代表性鄉土點心。特色是介於蛋糕與奶油酥餅之間的獨特口感與豐富滋味。如今在法國成為經典甜點，在日本看到的機會也增加了。不過當時我在修業地點「Jean Millet」見到它，在巴黎仍是十分新奇的甜點。正統派會在蛋糕體中間夾上黑櫻桃果漿，巴斯克地區則會加上「巴斯克十字」的圖案，通常是販售加了卡士達醬的類型。

　　我模仿Jean Millet的食譜，使用摻了杏仁粉和蘭姆酒的卡士達醬。除了添加杏仁的芳香讓味道呈現深度，烘烤後，口感變得鬆軟也是魅力。巴斯克蛋糕麵糊也有各種製法，我不是用延展成形的類型，而是擠出時很柔軟的麵糊。最後摻入的粗糖酥酥的口感成了強調重點。

連裡面都煮熟，慢慢地以較低的溫度烘烤。卡士達醬在烘烤時會和麵糊混合，要煮得硬一點，避免從間隙流出來，並摻入杏仁粉提高保形性，同時呈現層次。加了醃漬栗子的也是固有商品。

A 巴斯克蛋糕麵糊

[Pâte à Gâteau Basque]

材料（口徑16.5×高4cm圓形模具8個的份量）

奶油＊[1]……1kg
純糖粉……500g
香草莢＊[2]・[3]……2條
蛋黃＊[3]・[4]……410g
蘭姆酒（麥斯蘭姆酒）……40g
杏仁粉……500g
高筋麵粉（日清製粉「山茶花」）＊[5]……500g
低筋麵粉（日清製粉「特級紫羅蘭」）＊[5]……500g
粗糖……500g

＊1 室溫，打至濃稠乳霜狀。
＊2 從香草莢中取出香草籽，僅使用香草籽的部分。
＊3 加在一起。
＊4 攪散。
＊5 加在一起過篩。

作法

❶ 奶油倒入攪拌碗，用攪拌器以低速攪拌。

❷ 純糖粉同時加入攪拌。

❸ 加在一起的香草籽和蛋黃同時加入攪拌。

❹ 加入蘭姆酒攪拌。

❺ 杏仁粉同時加入攪拌。

❻ 加在一起過篩的高筋麵粉和低筋麵粉同時加入攪拌。

❼ 在粉末稍微殘留的狀態下加進粗糖，攪拌5圈。

❽ 用刮板攪拌到能從底部舀起來，避免攪拌不充分。整體均勻混合，出現光澤後即可。

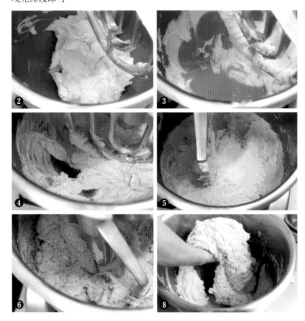

B 杏仁卡士達醬

[Crème Pâtissière aux Amandes]

材料（口徑16.5×高4cm圓形模具8個的份量）

◎卡士達醬
　蛋黃＊[1]……180g
　香草莢＊[2]……1條
　細砂糖……250g
　低筋麵粉（日清製粉「特級紫羅蘭」）＊[3]……62g
　高筋麵粉（日清製粉「山茶花」）＊[3]……62g
　牛奶……1kg
　奶油……25g
蘭姆酒（麥斯蘭姆酒）……40g
杏仁粉……300g

＊1 攪散。
＊2 從豆莢取出豆子。也使用豆莢。
＊3 加在一起過篩。

作法

❶ 製作卡士達醬。蛋黃、香草籽和一半的細砂糖倒入調理碗，用打蛋器攪拌到發白。

❷ 加進加在一起過篩的低筋麵粉和高筋麵粉，慢慢攪拌，別出現黏性。

❸ 牛奶、香草莢豆莢、剩下的細砂糖倒入銅碗用大火烘烤。烘烤時用打蛋器不時攪拌，在沸騰前去除香草莢豆莢。

❹ ③沸騰後一部分加進②攪拌。倒回銅碗，轉到大火用打蛋器一邊攪拌一邊煮。

❺ 失去彈性變得滑順後，出現光澤就離火，摻入奶油融解。

❻ 移到調理碗中隔著冰水冷卻，用保鮮膜貼緊放進冰箱。

❼ ⑥倒進攪拌碗，用攪拌器以低速攪拌。加進蘭姆酒攪拌。

❽ 杏仁粉同時加入，攪拌至滑順的狀態。

組合1

作法

❶ 在口徑16.5×高4cm的圓形模具內側塗上薄薄一層奶油（額外份量）。

❷ A倒進裝了口徑1.5cm圓形花嘴的擠花袋，從①的中央往外側擠成漩渦狀。花嘴接近模具，稍微擠壓麵糊，擠成均勻的厚度。注意別讓多餘的空氣跑進去。

❸ 沿著①的內側側面，呈螺旋狀擠到模具邊緣。和②同樣花嘴接近下面的麵糊，稍微擠壓麵糊，擠成均勻的厚度。

❹ 用刮板將底部與側面的麵糊弄平。

❺ 模具邊緣的麵糊也弄平，做成像器具的形狀。

❻ 在鋪了烘焙紙的揉麵板上，從中央往外側和②同樣稍微擠壓麵糊，擠成厚度均勻的漩渦，變成直徑14cm的圓盤狀。在烘焙紙先畫出直徑14cm的圓更容易擠上。

❼ 用手掌輕輕按壓，一邊擦掉擠出的痕跡一邊弄平。

❽ ⑤和⑦放進冷凍庫。讓麵糊確實結凍。若不這麼做，加進裡面的卡士達醬和周圍的麵糊就會混合在一起。

組合2、烘烤、裝飾

作法

❶ B倒進裝了口徑1.5cm圓形花嘴的擠花袋，在擠進模具結凍的巴斯克蛋糕麵糊底部，從模具邊緣低於約1cm的高度，從中央往外側擠成漩渦狀。

❷ 變成直徑14cm的圓盤狀，結凍的巴斯克蛋糕麵糊蓋在①上面。

❸ 在模具邊緣的部分塗上少量的A，用刮板刮平。

❹ 用刷子在上面塗上蛋液（額外份量，以下皆同）。放進冰箱30分鐘讓上面乾燥。

❺ 再次用刷子塗上蛋液。

❻ 用叉子在上面橫向劃線。

❼ 和在⑥劃的線交叉，用叉子劃線，變成格子花紋。

❽ 用160℃的對流烤箱烘烤約75分鐘。

❾ 烤好後立刻取下模具，放在揉麵板上冷卻。

製法的重點

｛ 巴斯克蛋糕麵糊 ｝

不斷以低速攪拌

想要將麵糊烤到膨脹比模具高出1～1.5cm，就得不斷以低速攪拌，別含有太多空氣。如果含有太多空氣，烘烤時麵糊過度浮起就會滿到模具外，裝飾時就不好看。

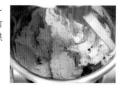

粗糖最後再加

為了產生酥脆的口感，粗糖最後再加入攪拌。摻入粉末殘留的麵糊也是重點。完全充分混合的麵糊會變硬，所以粗糖不易混合均勻，粗糖摩擦很容易碎掉。另外，無論是一開始或者最後加進去，如果過度攪拌就會融化。

｛ 杏仁卡士達醬 ｝

成品硬一點

為了呈現出滑順的口感，基本的卡士達醬是用麵粉和玉米澱粉以相同比例調配，不過巴斯克蛋糕用是加上麵粉煮得硬一點，最後摻入杏仁粉。煮得軟一點加進麵糊，和麵糊混合會形成大洞，或者烘烤時會從麵糊的間隙流出。另外，添加杏仁粉能提高保形性，也能表現出豐富的層次。

｛ 烘烤、裝飾 ｝

以較低的溫度慢慢烘烤

用160℃的對流烤箱慢慢烘烤約75分鐘。裡面的卡士達醬充分烘烤，麵糊就會漂亮地隆起，呈現出外頭酥脆、裡面鬆軟的口感。如果溫度太高，卡士達醬在烤熟前表面會變色，烤好時變成中心下沉，而且用高溫會連裡面都烤熟，外側的麵糊也會烤焦。

塗2次蛋液

烘烤前在上面塗上蛋液，用叉子加上花紋。塗1次蛋液先乾燥，再塗1次增加厚度，用叉子加上的花紋就會清晰地浮起，即使烘烤也不容易消失。

Sachertorte

［ 薩赫蛋糕 ］

薩赫蛋糕

[Sachertorte]

　　代表奧地利維也納的名牌糕點。滿滿奶油的巧克力麵糊、酸酸甜甜的杏桃果漿和甜味強烈的包衣巧克力，組合成滋味濃郁的蛋糕，配上打發鮮奶油正是傳統作法。維也納的「薩赫酒店」和老字號甜點店「德梅爾蛋糕店」的薩赫蛋糕十分有名，我決定參考從維也納修業時期就非常喜歡的薩赫酒店的薩赫蛋糕。它的特色是，不只在表面塗上杏桃果漿，也夾在麵糊中間。我把麵糊切成3片，將杏桃果漿變成2層，強調酸甜風味。

　　我認為這道甜點最大的魅力，就在於感覺爽口的包衣。取出部分熬煮的包衣，重複結晶化再和整體加在一起的作業，藉此產生獨特的口感。這個作業順利的話，就能做出厚厚的美麗塗層，也能表現出暗淡的光澤。

濕潤的麵糊切成3片，夾上杏桃果漿。在表面塗滿同樣的果漿，用包衣覆蓋厚厚一層。在充滿可可感的濃郁風味中，杏桃的酸味很突出，打發的鮮奶油則表現出輕盈感。

A | 薩赫酥餅
[Biscuit Sacher]

材料（直徑15×高6cm圓形模具6個的份量）

奶油*1……400g
純糖粉……340g
蛋黃*2……270g
蛋白……475g
細砂糖……340g
黑巧克力
（卡瑪「＃1113 Coin Amer 65％」／可可含量65％）*3……400g
低筋麵粉（日清製粉「特級紫羅蘭」）……400g

＊1 室溫，打至濃稠乳霜狀。
＊2 攪散，調整成31～32℃。
＊3 隔水加熱融解，調整成31～32℃。

作法

❶ 奶油倒入攪拌碗，用攪拌器以低速攪拌。
❷ 純糖粉同時加入切換成中速，攪拌到含有空氣發白，變得輕柔。
❸ 蛋黃分成3～4次加入，每次都充分攪拌。移到調理碗中。
❹ 蛋白倒入另一只攪拌碗，用打蛋器以高速攪拌到含有空氣，變成鬆軟的質感。
❺ 細砂糖同時加入❹，攪拌到用打蛋器舀起能立起角狀。
❻ 和❺的作業同時進行，黑巧克力倒入另一只調理碗，加入少量的❸，用打蛋器攪拌到均勻滑順的狀態。
❼ ❻加進❸，用打蛋器攪拌到均勻滑順的狀態。
❽ 一半的低筋麵粉和一半的❺加進❼，用刮板將❺像切割般，從底部舀起大略攪拌。
❾ 剩下的低筋麵粉和❺加進❽，大略攪拌均勻，不要弄破氣泡，且能從底部舀起來。

烘烤

作法

❶ 在直徑15×高6cm的圓形模具底部鋪上烘焙紙，剪成50×9cm帶狀的烘焙紙沿著內側側面鋪上。
❷ 分別倒入400g的 A 。
❸ 用上火210℃、下火160℃的烤爐烘烤40～45分鐘。
❹ 烤好後立刻取下模具，揭下側面和底部的烘焙紙，排在揉麵板上冷卻。

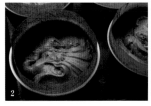

B | 包衣
[Glaçage]

材料（直徑15×高6cm圓形模具6個的份量）

細砂糖……1kg
黑巧克力
（卡瑪「＃1113 Coin Amer 65％」／可可含量65％）……1kg
鮮奶油（乳脂肪含量35％）……325g
水……275g

作法

❶ 在「組合、裝飾」（第129頁）中組合的麵糊冷卻凝固時（步驟❺），可以製作「包衣」。包衣做好後，立刻進行組合、裝飾的步驟❻。所有材料倒進銅鍋用大火烘烤，煮到沸騰。熬煮一會兒，直到變得黏稠。適度添加水分（額外份量）調整狀態。
❷ 烤盤翻過來放在用水沾濕擰乾的抹布上，用勺子舀起❶倒入。用L形抹刀攤開薄薄一層，使用L形抹刀和刮刀合成一團，倒回❶攪拌。如果在大理石台進行這項作業，❶的溫度過度下降就會凝固，不容易作業，所以要利用烤盤。
❸ ❷的作業合計進行8次。黏度增加，質感變得粗澀，就會變成暗淡的外觀。

組合、裝飾

材料（直徑15×高6cm圓形模具6個的份量）
杏桃果漿（市售品）……約600g
鮮奶油（乳脂肪含量45%）*……適量
＊加糖8%。打發至9～10分。

作法

❶ 烘烤的 Ａ 上面變硬的部分用波刃麵包刀切成水平。

❷ 將①水平切成3等分。厚度分別以約2cm為標準。

❸ 用抹刀在下面的蛋糕體上面塗上薄薄一層杏桃果漿。

❹ 疊上中間的蛋糕體，用抹刀在上面塗上薄薄一層杏桃果漿。

❺ 疊上上面的蛋糕體，在上面和側面整體用抹刀塗上薄薄一層杏桃果漿。每個蛋糕合計使用約100g的杏桃果漿。放進冰箱，讓表面的果漿冷卻凝固。

❻ ⑤放在襯紙上，然後放在旋轉台上，用勺子分別淋上約350g的 Ｂ 。

❼ 在⑥的上面用抹刀滑過2～3次弄平，將 Ｂ 淋在側面。抹刀多次滑過，Ｂ 就會過度結晶化，凝固後很難作業，口感也會太過粗澀，因此得快速作業。

❽ ⑦移到放了烤網的烤盤上，靜置一會兒，直到側面整體被 Ｂ 充分覆蓋。

❾ 用抹刀把側面下方的 Ｂ 切掉。

❿ 揭下底部的襯紙。

⓫ ⑩放在揉麵板上，使用用熱水烘烤的菜刀切成8等分。

⓬ 用湯匙舀起鮮奶油變成丸子形，放在⑪上面。

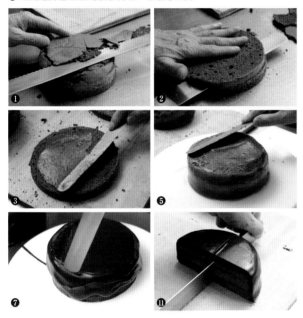

製法的重點

｛ 薩赫酥餅 ｝

含有空氣更容易烤熟

一般食譜中的奶油麵糊是，以160～170℃較低的溫度烘烤約1小時。然而，這個薩赫酥餅是用上火210℃、下火160℃的烤爐烘烤40～45分鐘。比較高溫短時間烘焙，麵糊裡的水分不會過度蒸散，成品比較濕潤。想要

保留水分但連中心都烤熟，含有大量空氣是一大重點。最初摻入奶油和純糖粉時，也要充分含有空氣。

減少蛋黃等與巧克力的溫度差

如果奶油和蛋黃冰涼，之後加入的巧克力會凝固變成碎屑狀，口感也會變差。因此，奶油和蛋黃要調整溫度，與巧克力的溫度差不能太大。巧克力要調整成31～32℃。巧克力的溫度如果比這還要低，奶油就會過度緊緻；要是比這還要高，奶油就會容易融解分離。

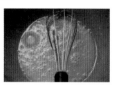

｛ 包衣 ｝

一部分結晶化

為了表現爽脆的口感，熬煮到變得黏糊的包衣，一部分要冷卻結晶化。在大理石台等冰涼的工作檯上會變涼太多，所以要把烤盤翻過來放在工作檯上，一部分的包衣攤在上面，再倒回裝了包衣的調理碗中，重複這個作

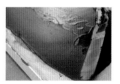

業。調理碗中包衣的表面會結成一層膜，處處可見砂糖的結晶便OK。結晶化的部分太少，整體就不會順利凝固；反之如果太多，馬上凝固就不會有流動性，無法做成漂亮的塗層。

Fujiu

［藤生］

藤生

[Fujiu]

　　這是我的法國友人，糕點師尚・馬爾克・斯克里班特
（Jean-Marc Scribante）先生所設計，以巧克力為主角的個人
蛋糕（小蛋糕）。10年前他在本店工作約3個月的期間，為我
構思了各種甜點。其中，這道甜點也是現在固定提供的商品
之一。濕潤卻輕盈的薩赫酥餅，疊上加進格賴沃特櫻桃果肉
果醬的巧克力奶油，用包衣巧克力塗層。酥脆的開心果脆餅
正是口感的強調重點。裝飾用噴槍噴出的圓頂形巧克力奶油
等，讓同時身為巧克力師傅的他，表現出個人風格的設計也
很有意思。

　　薩赫酥餅和巧克力奶油，材料充分融合的攪拌方式與溫度
調整夠徹底，就能實現入口即化的口感。格賴沃特櫻桃的果
肉和開心果脆餅在口感上的對比也很突出。

濕潤且具有空氣感的輕盈感，兩者兼具
的薩赫酥餅，做成厚1cm的餅乾底呈現
存在感。格賴沃特櫻桃果醬多用了約
12g，藉由巧克力的甜味與莓果的酸
味，使整體的味道取得平衡。

A 薩赫酥餅
[Biscuit Sacher]

材料（53×38×高3.5cm烤盤1個的份量）

生杏仁霜（市售品）……165g
蛋黃*¹……135g
全蛋*¹……90g
純糖粉……130g
奶油*²……65g
蛋白……200g
細砂糖……80g

高筋麵粉
（日清製粉「傳奇」）*³……65g
可可粉*³……65g

＊1 加在一起攪散。
＊2 融解調整成約50℃。
＊3 加在一起。

作法

❶ 生杏仁霜倒入攪拌碗，用攪拌器以低速攪拌。加在一起的蛋黃和全蛋約4分之1份量慢慢地加入攪拌。

❷ 整體變得滑順後切換成中速，剩下的蛋黃和全蛋約3分之1份量加入攪拌。

❸ 整體融合後切換成低速，純糖粉同時加入攪拌。

❹ 大致混合後切換成中速，加入剩下的蛋黃和全蛋。持續攪拌至含有空氣發白，變得濃厚。移到調理碗中。

❺ 奶油倒入另一只調理碗，加入④的約5分之1份量用打蛋器攪拌。

❻ 蛋白倒入另一只攪拌碗，以高速攪拌到含有空氣變得輕柔。

❼ 細砂糖同時加進⑥攪拌。用打蛋器舀起後，變成形成角狀立刻稍微滴下的狀態即可。

❽ ⑦分成3次加進④，每次都用橡膠刮刀大略攪拌。

❾ 加在一起的高筋麵粉和可可粉同時加進⑧，從底部舀起來大略攪拌，不要弄破留下的氣泡。粉末殘留也沒關係。

❿ ⑤加進⑨，大略攪拌到整體均勻。

⓫ ⑩倒在鋪了烘焙紙的烤盤上，用刮板將表面弄平。

⓬ 在⑪的下面鋪上另一個烤盤，用上火、下火皆190℃的烤爐烘烤20～25分鐘。烤好後直接置於常溫下讓餘熱散去。

⓭ 取下烤盤，烘烤面朝上放在揉麵板上，直接置於常溫下冷卻。

⓮ 揭下烘焙紙，烘烤面朝上放在揉麵板上，用長徑7×短徑4.8×高3cm的模具抽出。

B 巧克力奶油
[Crème au Chocolat]

材料（約24個的份量）

蛋黃……65g
細砂糖……65g
鮮奶油A（乳脂肪含量35％）……150g
明膠粉*¹……4g
冷水*¹……24g
黑巧克力
（卡瑪「Coin Amer 65％」／可可含量65％）*²……300g
鮮奶油B（乳脂肪含量36％）*³……675g

＊1 加在一起浸泡明膠粉。　＊2 融解調整成約28℃。
＊3 倒入調理碗，隔著冰水打發至7分。放進冰箱冷卻。

作法

❶ 在製作 B 的作業前可以製作 C 和 D 。蛋黃和細砂糖倒入調理碗，用打蛋器攪拌。

❷ 鮮奶油A倒進銅碗用中火烘烤，烘烤到沸騰前。

❸ ①加進②，用打蛋器一邊攪拌一邊烘烤到83～84℃。

❹ 加入用水浸泡的明膠粉攪拌。

❺ 黑巧克力倒入另一只調理碗，用小漏勺一邊過濾一邊添加④，攪拌到出現光澤。不時直接烘烤，調整成約40～42℃。

❻ 打發至7分冷卻的鮮奶油B加進⑤，用橡膠刮刀攪拌。

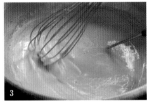

C 格賴沃特櫻桃果醬
[Coulis de Griottes]

材料（約24個的份量）

水……25g
細砂糖……80g
格賴沃特櫻桃（冷凍）*¹……160g

明膠粉*²……3.5g
冷水*²……21g
覆盆子果醬……適量

＊1 半解凍。　＊2 加在一起浸泡明膠粉。

作法

❶ 水和細砂糖倒入鍋中轉到大火，烘烤到116℃。

❷ 格賴沃特櫻桃加進①，用木刮刀攪拌。稍微沸騰後關火。格賴沃特櫻桃中心結凍也沒關係。

❸ 用水浸泡的明膠粉倒入調理碗中，疊上篩子。

❹ ②撈到③的篩子裡，分成格賴沃特櫻桃的果肉和糖漿。

❺ 用打蛋器攪拌留在④的調理碗中的糖漿和明膠粉。測量份量，加入覆盆子果醬攪拌，變成175g。

❻ 在口徑3×高1.7cm的小巧型矽膠模裡，分別倒進2～3粒④的格賴沃特櫻桃果肉。

❼ ⑤倒進成型機，倒到⑥裡面。用急速冷凍機急速冷凍。

D 開心果脆餅
| Croquant aux Pistaches |

材料（約24個的份量）

細砂糖……40g　　　開心果……40g　　　可可脂*……4g
＊融解調整成常溫。

作法

❶ 細砂糖倒入銅碗用大火烘烤，用木刮刀一邊攪拌一邊熬煮到變成淡褐色。

❷ 加入開心果攪拌。

❸ ②放在鋪了烘焙紙的揉麵板上，蓋上烘焙紙。滾動擀麵棍弄平，取下蓋上的烘焙紙冷卻。

❹ 移到揉麵板上，用菜刀切粗粒。

❺ 可可脂和④倒入調理碗，用橡膠刮刀攪拌。

組合、裝飾

材料（1個的份量）

包衣巧克力*¹……適量
噴槍巧克力*²……適量
透明果凍膠（非烘烤型）……適量
金箔……適量

＊1 水400g（容易製作的份量，以下皆同）、鮮奶油600g、麥芽糖150g倒入銅碗用中火烘烤，沸騰後添加加在一起的細砂糖750g和可可粉240g，再次沸騰烘烤約5分鐘直到變得黏稠。離火加入用210g的水浸泡的35g明膠粉攪拌，用小漏勺一邊過濾一邊移到調理碗，用保鮮膜貼緊放進冰箱靜置一晚。
＊2 黑巧克力（嘉麗寶「811 Callets」／可可含量54.5％）和可可脂以相同比例加在一起融解，調整成35℃。

作法

❶ OPP圍邊紙貼在烤盤上，排上長徑7×短徑4.8×高3cm的蛋糕模，高3.5cm的OPP圍邊紙沿著內側側面貼上。

❷ B倒進擠花袋，在①擠到約6分的高度。

❸ 在②的中央C平坦面朝上塞入。

❹ B擠到把C遮住。

❺ 撒上D，將B擠到低於模具邊緣3mm的位置。每一份合計使用約40g的B。

❻ A烘烤面朝下放在⑤上面，用手輕輕按壓。急速冷凍。

❼ 剩下的B擠在直徑3×高1.7cm的小巧型矽膠模裡。用抹刀將表面弄平，急速冷凍。

❽ 取下⑥的蛋糕模，A朝下排在放了烤網的烤盤上。

❾ 包衣巧克力倒入調理碗，用微波爐融解，然後用手持攪拌器攪拌至變得滑順。溫度的標準約為30℃。

❿ ⑨淋到⑧上面。用抹刀把上面弄平。

⓫ 取下⑦的模具，平坦面朝下排在鋪了烘焙紙的烤盤上。用噴槍噴灑噴槍巧克力。

⓬ ⑪放在⑩的上面中央。

⓭ 透明果凍膠倒進錐形袋，在⑩上面的⑪中央擠上少量，然後用金箔裝飾。

製法的重點

{ 薩赫酥餅 }

整體容易融合的攪拌方式

準備麵糊時，生杏仁霜、雞蛋和純糖粉混合後，取出一部分摻入融化奶油。最後再倒回麵糊裡混合，整體便容易融合。另外，蛋白和細砂糖含有大量空氣，變成輕盈的質感後，就不易和麵糊混合，攪拌次數增加，氣泡就容易破掉，所以用打蛋器舀起時，立起的角狀稍微滴下來就行了。氣泡破掉太多，就會變成密實、不會入口即化的口感，因此得注意攪拌時不要弄破氣泡。

{ 巧克力奶油 }

調整成容易混合的溫度與狀態

加上黑巧克力的基底調整成40～42℃，和在下個步驟添加的鮮奶油更容易融合（第132頁B的步驟⑤）。如果基底的溫度太高，裝飾時會變軟，加入的格賴沃特櫻桃果醬也會下沉；假如溫度太低，整體緊實變硬，就不會混合均勻。另一方面，鮮奶油打發至7分，接近基底的硬度也是容易混合的重點。

{ 格賴沃特櫻桃果醬 }

留下果肉的形狀與口感

水和細砂糖倒入鍋中烘烤，細砂糖開始溶解後，冷凍的格賴沃特櫻桃就開始解凍。水和細砂糖變成116℃之後，加進半解凍的格賴沃特櫻桃稍微沸騰。如此一來，就能留下格賴沃特櫻桃果肉柔軟的形狀與口感。解凍後經過時間再使用，或是和水與細砂糖從一開始一起熬煮，就會煮得稀爛。

Charlotte Poire

[洋梨夏洛特]

洋梨夏洛特

[Charlotte Poire]

　　它對我而言是一道記憶深刻的法式甜點。我在「Jean Millet」修業的第一天幫忙準備的，就是這道甜點。尚‧米勒先生的店創造了「Nouvelle Patisserie（全新甜點）」的潮流，顛覆以往法式甜點厚重的印象，以慕斯為主的輕盈鬆軟糕點擺滿店頭，在手指餅乾的容器中，將活用洋梨滋味的洋梨奶油，塞進「洋梨夏洛特」也是全新甜點之一。以甜點（entremets）的尺寸製作，在附設的Salon de thé（茶館），是切開後配上覆盆子醬提供。當時見到最新法式甜點的衝擊，即使過了40多年，至今我仍記憶鮮明。

　　本店經典中的經典，個人蛋糕的手指餅乾不蓋蓋子，用果凍膠和覆盆子裝飾，而甜點（entremets）則是做成古典甜點風格。綁在側面的緞帶也很可愛。

在「Jean Millet」的Salon de thé配上的覆盆子醬，擠上洋梨奶油取代果漿，讓整體味道更紮實。切開後出現的深紅色調也是外觀上的強調重點。酒糖液少一點，強調麵糊風味和輕盈口感。

A 手指餅乾
[Biscuit à la Cuiller]

材料（直徑12×高5cm蛋糕模13個的份量）
蛋白……525g
細砂糖……375g
蛋黃＊……300g
低筋麵粉（日清製粉「特級紫羅蘭」）……375g
純糖粉……適量
＊攪散。

作法

❶ 蛋白倒入攪拌碗，以高速攪拌。呈現份量變得發白輕柔，留下打蛋器的痕跡之後，同時加入細砂糖，用打蛋器打發至舀起能立起角狀。

❷ 加入蛋黃，用漏勺大略攪拌。

❸ 同時加入低筋麵粉，大略攪拌到粉末消失，能從底部舀起來。

❹ 在烤盤鋪上烘焙紙，空出間隔用烘焙筆畫上直徑12cm的圓。③倒進裝了口徑13mm圓形花嘴的擠花袋，從畫好的圓外側往中心呈水滴形，像畫花朵般擠出。

❺ 在圓的中心擠出小球狀。

❻ 在53×38cm的烤盤上鋪上烘焙紙。將倒進裝了口徑13mm圓形花嘴的擠花袋裡的③，在整個烤盤上，橫向不留間隙地擠出棒狀。

❼ 在鋪上烘焙紙的烤盤上，從中心擠出漩渦狀，變成直徑11cm的圓形。

❽ 用濾茶網在⑤和⑥撒滿純糖粉。

❾ 在⑦和⑧各自的烤盤底下鋪上另一個烤盤，用上火、下火皆190～200℃的烤爐烘烤約15分鐘。烤好後連同烘焙紙立刻移到揉麵板上，揭下烘焙紙讓餘熱散去。

B 洋梨奶油
[Crème aux Poire]

材料（直徑12×高5cm蛋糕模13個的份量）

◎洋梨風味英式奶油
　蛋黃……220g
　細砂糖……90g
　香草莢＊1……1條
　糖漿煮洋梨的糖漿（市售品）＊2
　……400g
　牛奶……275g
　明膠粉＊3……27g
　冷水＊3……160g
　洋梨利口酒（Poire William）
　……190g

◎義式打發蛋白
　細砂糖……240g
　水……80g
　蛋白……120g
　鮮奶油A（乳脂肪含量45％）＊4
　……450g
　鮮奶油B（乳脂肪含量35％）＊4
　……225g

　＊1 從豆莢取出豆子。
　　　也使用豆莢。
　＊2 只使用糖漿。
　＊3 加在一起浸泡明膠粉。
　＊4 加在一起倒入調理碗，隔著冰
　　　水打發至7分。放進冰箱冷卻。

作法

❶ 製作洋梨風味英式奶油。蛋黃、細砂糖和香草籽倒入攪拌碗，以中速攪拌到發白。

❷ 糖漿煮洋梨的糖漿、牛奶和香草莢豆莢倒入銅碗用大火烘烤，煮到沸騰。

❸ 在①加入1勺②攪拌。

❹ ③倒回②的銅碗轉到中火，用打蛋器一邊攪拌一邊熬煮到84℃。注意底部不要燒焦。

❺ 加入用水浸泡的明膠粉攪拌。

❻ 用小漏勺一邊過濾一邊移到調理碗中，去除香草莢豆莢。

❼ 調理碗的底部隔著冰水讓餘熱散去，加入洋梨利口酒攪拌。不時攪拌調整成20℃。變成Q彈有黏性的狀態。

❽ 和⑦的作業同時進行，製作義式打發蛋白。細砂糖和水倒入鍋中轉到大火，烘烤到117℃，熬煮到變成軟球狀（冷卻後用手指勾起會變成小球體的狀態）。

❾ 蛋白倒入另一只攪拌碗，以高速攪拌。呈現份量變得發白輕柔後，⑧沿著攪拌碗內側側面慢慢地倒入。

❿ 用打蛋器舀起變得會立起角狀後，切換成中速，持續攪拌至約32℃。

⓫ 加在一起打發至7分冷卻的2種鮮奶油倒入另一只調理碗，加進⑦用打蛋器攪拌。

⓬ ⑩分成3次加進⑪，從底部舀起來攪拌，避免攪拌不充分。

組合、裝飾

材料（直徑12×高5cm蛋糕模13個的份量）
◎酒糖液＊1
　糖漿（波美30度）……64g
　水……33g
　Poire William……33g
糖漿煮洋梨＊2……4.5顆
覆盆子果漿＊3……適量

＊1 材料全部混合。
＊2 除去糖漿，用廚房紙巾擦拭。切成厚5mm。
＊3 材料與作法參照第96頁。

作法
❶ 在整個烤盤上橫向擠出烘烤的 Ⓐ，橫向放在揉麵板上，切掉邊緣，縱向切成寬5cm。
❷ 直徑12×高5cm的蛋糕模放在鋪了烘烤紙的烤盤上，①的烘烤面朝向外側，沿著蛋糕模內側倒入。
❸ 擠成漩渦狀烘烤的 Ⓐ，烘烤面朝上放入②的底部。
❹ 在③的底部與側面內側用刷子灑上酒糖液。
❺ 擠成花朵烘烤的 Ⓐ，烘烤面朝下放置，灑上酒糖液。
❻ 用勺子把 Ⓑ 倒到餅乾底約3分之1的高度。
❼ 糖漿煮洋梨中心挖開變成圓，放進2～4塊。
❽ 在⑦用勺子把 Ⓓ 倒到餅乾底約3分之2的高度。
❾ 糖漿煮洋梨和⑦同樣倒入。
❿ 在⑨用勺子把 Ⓑ 倒到邊緣。倒滿，中央稍微隆起。每一份使用合計170～190g的 Ⓑ。
⓫ 覆盆子果漿倒進擠花袋，在⑩的上面像畫圓般擠上。
⓬ ⑤的烘烤面朝上疊在⑪上面，放進冷凍庫冷卻凝固。取下蛋糕模，在側面裝飾緞帶。

製法的重點

｛ 手指餅乾 ｝

不要含有太多空氣

如果是乾花色小蛋糕，蛋黃裡也會加入砂糖，藉由打發至含有空氣變得輕柔，表現份量感和鬆軟的口感。另一方面，若是加進小蛋糕，因為和其他配件重疊，或是想和夏洛特一樣當成容器使用，所以蛋黃只有攪散，不要含有太多空氣，烘烤時餅乾底不會過度浮起，而且能抑制膨脹。

｛ 洋梨奶油 ｝

用中火慢慢地煮

作為基底的洋梨風味英式奶油，把蛋黃的凝固力活用到極限，增加黏稠度。加入蛋黃後用中火烘烤，慢慢地煮，不用煮到沸騰。用大火烘烤蛋黃會凝固分離，口感也會變差。煮好的合適溫度為82～84℃，這次是煮到84℃。如果烘烤不足，雞蛋會留下臭味，殺菌也不充分，因此必須注意。

調整質感

洋梨風味英式奶油添加Poire William之後，要冷卻到Q彈有黏性。若是滑順的液狀，之後加上鮮奶油和義式打發蛋白就會變成軟的質感，倒進模具加入洋梨後，洋梨就會下沉。

No.15 Gâteaux Individuels

個人蛋糕

Saint-Marc

[聖馬可蛋糕]

聖馬可蛋糕

[Saint-Marc]

　　杏仁海綿蛋糕是夾上香草風味和巧克力風味這2種奶油，上面澆上焦糖的一種傳統甜點。雖然構成簡單，但是能感受濃郁杏仁的蛋糕體、滑順的奶油、和鬆脆口感的略苦焦糖演奏出的和聲，有種傳統甜點獨有的奧妙。一般而言，香草風味奶油大多以炸彈麵糊為基底，不過我換成鮮奶油，變成輕盈的印象。也不添加香草風味，展現出溫和的乳味。另一方面，上面的蛋糕體塗上厚厚的炸彈麵糊澆上焦糖，也增添了濃郁的滋味。

　　雖然這是我長年來持續製作的甜點，但這段期間我將杏仁海綿蛋糕作了大幅改良。

　　以前材料加在一起時會含有許多空氣，不過現在我運用Robot-Coupe攪拌機，攪拌時刻意不讓空氣跑進去。藉此呈現出有嚼勁的緊緻蛋糕體，表現出蛋糕體的風味。

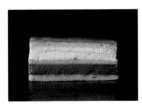

用充滿杏仁粉的杏仁海綿蛋糕，夾上摻入黑巧克力的巧克力鮮奶油和鮮奶油。上面的蛋糕體塗上炸彈麵糊，撒上細砂糖，用烙鐵貼上。正因簡單，明顯的美麗層次也很有魅力。

A　杏仁海綿蛋糕
[Biscuit Joconde]

材料（60×40cm烤盤1個的份量）
杏仁粉……120g
細砂糖A……45g
高筋麵粉（日清製粉「傳奇」）……35g
全蛋……200g
轉化糖（Trimoline）……10g
奶油*……25g
蛋白……115g
細砂糖B……80g
＊切成1cm丁塊恢復常溫。

作法
❶ 杏仁粉、細砂糖A、高筋麵粉、全蛋、轉化糖、奶油倒入Robot-Coupe攪拌機，攪拌至整體均勻變得輕柔。
❷ 蛋白倒入攪拌碗，以高速攪拌。含有空氣變得輕柔後，細砂糖B同時加入攪拌。
❸ ①加進②，用橡膠刮刀大略攪拌。
❹ 倒在鋪了烘焙紙的烤盤上，從邊緣空出約1cm用L形抹刀攤開，弄平。
❺ 用上火210℃、下火190℃的烤爐烘烤約12分鐘。烤好後連同烘焙紙放在揉麵板上，直接靜置一會兒讓餘熱散去。揭下烘焙紙。

 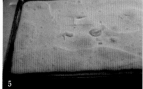

B　鮮奶油
[Crème Chantilly]

材料（34×8.3×高5cm蛋糕框2個的份量）
鮮奶油A（乳脂肪含量45%）……250g
鮮奶油B（無脂固形物增量型）*……85g
細砂糖……27g
＊使用高梨乳業的「Laitcré Plus」。

作法
❶ 2種鮮奶油與細砂糖倒入調理碗，一面隔著冰水，一面用打蛋器打發至舀起時會立起角狀（打發至9分）。之所以調配無脂固形物增量型的鮮奶油，是為了更加提高保形性。

C　巧克力鮮奶油
[Crème Chantilly au Chocolat]

材料（34×8.3×高5cm蛋糕框2個的份量，分成20塊）
鮮奶油（乳脂肪含量40%）……340g
黑巧克力
（嘉麗寶「811 Callets」／可可含量54.5%）*……170g
＊隔水加熱融解調整成48℃。

作法
❶ 鮮奶油倒入調理碗，用打蛋器打發到舀起後會變成緞帶狀（打發至7分）。
❷ 黑巧克力倒入另一只調理碗，加進3分之1份量的①，用橡膠刮刀充分攪拌到出現光澤，調整成約35℃。中途溫度下降後，直接烘烤調理碗底部調整溫度。
❸ 剩下的①同時加進②，用橡膠刮刀大略攪拌到出現光澤變得滑順。

D　炸彈麵糊
[Pâte à Bombe]

材料（容易製作的份量）
牛奶……12.5g
水……12.5g
細砂糖……100g
全蛋……100g
奶油……25g

作法
❶ 牛奶、水、細砂糖倒入鍋中用大火烘烤，煮到沸騰。
❷ 全蛋倒入銅碗攪散。加入①用中火烘烤，一邊用打蛋器攪拌，一邊熬煮到攪拌的痕跡確實留下。
❸ 奶油加進②攪拌。移到調理碗用保鮮膜貼緊，放進冰箱靜置一晚。

組合、裝飾

材料（34×8.3×高5cm蛋糕框2個的份量，分成20塊）

細砂糖……適量

作法

❶ A烘烤面朝下放在揉麵板上，配合34×8.3×高5cm的蛋糕框，用菜刀切開。

❷ 2個34×8.3×高5cm的蛋糕框放在鋪了烘焙紙的烤盤上，①烘烤面朝下逐一放入。

❸ 在②分別倒入約180g的B，用橡膠刮刀攤平。然後用刮板弄平。

❹ ①烘烤面朝下逐一放入③，用刮板輕輕按壓。放進冰箱冷卻。

❺ 在④分別倒入約250g的C，用橡膠刮刀攤平。然後用刮板弄平。

❻ ①烘烤面朝下逐一放入⑤，用刮板輕輕按壓。放進冷凍庫冷卻。

❼ ⑥翻過來放在揉麵板上，蛋糕框周圍用噴槍烘烤，取下蛋糕框。

❽ 在⑦分別放上約65g的D，用L形抹刀塗成厚度均勻。放進冷凍庫靜置一晚。

❾ 細砂糖均勻地撒在⑧的上面整體，用烙鐵貼上使它焦糖化。

❿ ⑨的作業再進行2次。

⓫ 餘熱散去後，⑩橫向擺放，縱向切成寬3.2cm。

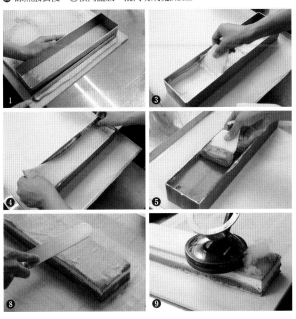

製法的重點

｛ 杏仁海綿蛋糕 ｝

活用Robot-Coupe攪拌機

使用Robot-Coupe攪拌機攪拌就不會含有太多空氣，能呈現出有嚼勁、密實的蛋糕體。以前我是用裝了打蛋器的攪拌機攪拌杏仁粉、細砂糖、高筋麵粉、全蛋、轉化糖，充分含有空氣後，加入打發的蛋白和細砂糖，最後再摻入奶油，按照這3個步驟進行。不過，現在我使用Robot-Coupe攪拌機，奶油也從一開始就一起摻入，2個步驟就能完成，因而提高效率。

｛ 巧克力鮮奶油 ｝

調整鮮奶油和巧克力的溫度帶

冰涼的鮮奶油加上巧克力後，巧克力急劇冷卻會變成碎屑狀。巧克力調整溫度（約48℃），不會損及打發至7分的鮮奶油狀態後，再摻入鮮奶油，別讓整體溫度下降。另外，鮮奶油分成2次加進巧克力，整體溫度就不易下降，也不容易變得不均勻。鮮奶油預先打發至7分，也是容易混合的重點。

｛ 炸彈麵糊 ｝

添加奶油變成豐富的滋味

作為慕斯等基底的炸彈麵糊，一般的食譜是用蛋黃、水和細砂糖製作，不過在此我添加了奶油。我在巴黎的修業地點「Jean Millet」，甜點（entremets）部門有位西點主廚費南多·阿列馬尼（Fernando Alemania）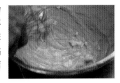先生，這道甜點的手法正是參考了他的食譜。這道甜點的炸彈麵糊，並非慕斯等基底，它本身是當成一個配件使用，所以添加了濃郁的奶油，呈現出豐富的風味。加入奶油更添滑順，變得容易塗抹也是優點。

｛ 裝飾 ｝

呈現出漂亮的焦糖化

塗上炸彈麵糊後，立刻撒上細砂糖焦糖化，連炸彈麵糊都融化，成品就會不好看。放進冷凍庫靜置一晚，讓炸彈麵糊充分冷卻凝固後，再撒上細砂糖焦糖化。藉此就能表現漂亮的褐色色調，和酥脆的口感。

Versailles

[凡爾賽蛋糕]

凡爾賽蛋糕

[Versailles]

　　這款小蛋糕是想像富麗堂皇的凡爾賽宮殿。我想製作具有麵糊存在感的鬆軟糕點，於是設計出這道甜點。調配自製的杏仁糖粉，接近杏仁海綿蛋糕的獨創麵糊，和酸甜覆盆子風味的奶油霜作為夾層。

　　麵糊裡調配的杏仁糖粉中的杏仁，在和細砂糖加在一起前烘烤，強調芳香的香味。麵糊的烘烤溫度以略低的180℃慢慢烘焙，呈現出濕潤的口感，減少酒糖液的份量，將麵粉的甜味和美味、杏仁的芳香與濃郁活用到極限。另一方面，奶油是選用濃郁滋味不輸麵糊的英式奶油為基底的奶油霜。但是，藉由加上增添酸甜覆盆子風味的義式打發蛋白，也增加了輕盈感。提味用的玫瑰果漿，也予人華麗的印象。

濕潤的麵糊做成厚實、強調麵粉和杏仁的風味。灑上少量加了覆盆子果醬的酒糖液，讓味道呈現深度。麵糊與奶油之間加入薄薄一層玫瑰果漿，正是味道的強調重點。上面紅色的圓點圖案，營造出現代的印象。

A 凡爾賽蛋糕
[Biscuit Versailles]

材料（53×38×高3.5cm烤盤3個的份量）

◎杏仁糖粉
　杏仁（去皮）……750g
　細砂糖……750g
全蛋*[1]……500g
蛋黃*[1]……180g
蛋白……420g
細砂糖……50g
高筋麵粉（日清製粉「傳奇」）……90g
奶油*[2]……450g

＊1 加在一起攪散。
＊2 融解調整成約50℃。

作法

❶ 製作杏仁糖粉。杏仁用上火、下火皆160℃的烤爐烘烤約20分鐘，冷卻後和細砂糖加在一起用滾輪碾壓。

❷ ①倒進攪拌碗，加入少量全蛋和蛋黃用攪拌器以低速攪拌。

❸ 在②添加少量剩下的全蛋和蛋黃，切換成中速攪拌成糊狀。

❹ 在③同時加入剩下的全蛋和蛋黃，攪拌至含有空氣變得輕柔。

❺ 蛋白倒入另一只攪拌碗，以高速攪拌。含有空氣變得輕柔後同時加入細砂糖，攪拌至用打蛋器舀起變得會立起角狀。

❻ ⑤分成3次加進④，用漏勺從底部舀起來大略攪拌，別弄破氣泡。不用完全混合。

❼ 高筋麵粉加進⑥，大略攪拌到粉末消失。

❽ 奶油加進⑦，從底部舀起來充分攪拌。

❾ 在鋪了烘焙紙的烤盤上分別倒入1.02kg的⑧，用刮板攤成厚度均勻。

❿ 在⑨的底下鋪上另一個烤盤，用上火、下火皆180℃的烤爐烘烤約25分鐘。烤好後連同烤盤直接靜置一會兒讓餘熱散去。取下烤盤冷卻。

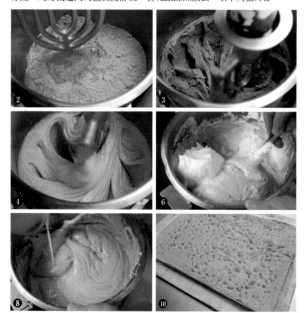

B 凡爾賽奶油
[Crème Versailles]

材料（49×34×高4cm蛋糕框1個的份量，分成66塊）

◎覆盆子風味英式奶油
　覆盆子果醬……600g
　檸檬汁……40g
　蛋黃……180g
　細砂糖……100g

◎義式打發蛋白
　細砂糖……160g
　水……40g
　蛋白……100g
　奶油*……680g
　＊室溫，打至濃稠

作法

❶ 製作覆盆子風味英式奶油。覆盆子果醬和檸檬汁倒入銅碗用大火烘烤，煮到沸騰。

❷ 蛋黃和細砂糖倒入另一只調理碗，用打蛋器攪拌。

❸ 一部分的①加入②攪拌。倒回①的銅碗用中火烘烤，一邊攪拌一邊熬煮到84℃。變成黏稠的狀態。

❹ ③移到調理碗中，調理碗底部隔著冰水一邊攪拌一邊調整成34℃。

❺ 製作義式打發蛋白。細砂糖和水倒入鍋中轉大火，烘烤到117℃。熬煮到變成軟球狀（冷卻後用手指勾起會變成小球體的狀態）。

❻ 蛋白倒入攪拌碗，以高速攪拌。呈現份量發白變得輕柔後，⑤沿著攪拌碗內側倒面慢慢地倒入。

❼ 用打蛋器舀起變得立起角狀後切換成中速，持續攪拌到約32℃。

❽ 奶油倒入另一只調理碗，④分成4次加入，每次都用打蛋器充分攪拌。

❾ ⑦分成3次加入⑧攪拌。

C 酒糖液
[Imbibage]

材料（49×34×高4cm蛋糕框一個的份量，分成66塊）

覆盆子果醬……150g
糖漿（波美30度）……100g
水……100g
櫻桃白蘭地……50g

作法

❶ 所有材料混合在一起。

組合、裝飾

材料（49×34×高4cm蛋糕框1個的份量，分成66塊）

玫瑰果漿（含花瓣，市售品）*[1]……300g
可可脂（紅色）……適量
透明果凍膠（非烘烤型）……360g
覆盆子……66顆
巧克力工藝*[2]……66個

*[1] 過濾。
*[2] 白巧克力添加紅色色素著色，切成直角三角形增加弧度。

作法

❶ 49×34×高4cm的蛋糕框放在鋪了OPP圍邊紙的烤盤上。

❷ 550g的 B 倒入①，用L形抹刀攤成厚度均勻，弄平。

❸ A 烘烤面朝下放入②。用刮板輕輕按壓。

❹ 用刷子在③整體灑上約130g的 C 。使用2支刷子會更有效率。

❺ 和②～④同樣進行，B 與 A 疊在④上面，灑上 C 。

❻ 在⑤倒入玫瑰花的果漿，用L形抹刀塗上薄薄一層。

❼ 和②～④同樣進行，B 與 A 疊在⑥上面，灑上 C 。放進冷凍庫連中心都充分冷卻凝固。

❽ ⑦翻過來放在揉麵板上，揭下上面的OPP圍邊紙，用噴槍在蛋糕框周圍烘烤，然後取下蛋糕框。蓋上剪成直徑2cm圓形的矽膠製薄片，噴灑染成紅色的可可脂。放進冷凍庫冷卻凝固。

❾ ⑧橫向放在揉麵板上，用菜刀縱向切成2等分（變成34×24.5cm）。在上面分別淋上180g的透明果凍膠，用L形抹刀塗上薄薄一層。

❿ 用菜刀切成8×2.8cm。菜刀烘烤後更好切。

⓫ 用覆盆子和巧克力工藝裝飾。

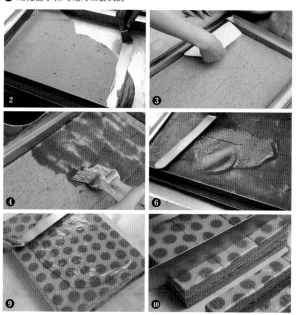

製法的重點

｜ 凡爾賽蛋糕 ｜

發揮麵糊的風味

一般海綿蛋糕的食譜，為了能夠充分吸收酒糖液，會以200℃的高溫蒸散水氣烤成硬一點。不過在這道甜點中，我想做能感受杏仁芳香與麵粉甜味的麵糊，所以比一般食譜的溫度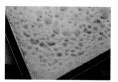還要低，用上火、下火皆180℃的烤爐烘烤。如此一來，不只能活用麵糊的風味，酒糖液的份量也比較少，能表現濕潤的口感。

｜ 凡爾賽奶油 ｜

製作輕盈的奶油霜

這種奶油是覆盆子風味的奶油霜。用覆盆子果醬製作的英式奶油，義式打發蛋白、奶油加在一起，不過以英式奶油為基底的奶油霜，儘管能表現濃郁深刻的滋味，卻容易變成厚重的風味。氣泡也很難留住，所以藉由和義式打發蛋白加在一起呈現輕盈感。製作輕盈的奶油，也能強調麵糊的存在感。

調整成容易混合的溫度

覆盆子風味的英式奶油調整成34℃。義式打發蛋白調整成約32℃。都是奶油容易充分混合的溫度。如果溫度太低，奶油凝固分離，口感會變差；要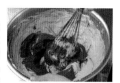是溫度太高，奶油融解時會變軟，氣泡破掉份量也會減少。另外，混合的時機也很重要。包含溫度，計算能在最佳狀態加在一起的時機，再分別開始準備。同時摻入會容易分離，所以分成3～4次摻入，也是呈現出滑順口感的訣竅。

Le Vent de Grasse

[格拉斯之風]

格拉斯之風

[Le Vent de Grasse]

　　南法蔚藍海岸地區有一座城鎮格拉斯，以製造香水而聞名。我在20年前家族旅遊時曾造訪當地，花朵隨風搖曳的美麗風景令我十分著迷。從這個回憶催生出「格拉斯之風」。我想像清爽的風景，讓優格風味擔綱主角，進而發揮創意。

　　優格奶油以濃郁的炸彈麵糊為基底，並且用檸檬汁強調清爽與清涼感。我回想起色彩豐富的花朵綻放的風景，把3種水果慕斯和果凍做成立方體分散加入。另一方面，杏仁海綿蛋糕調配玉米澱粉取代麵粉，表現輕輕散開的輕盈口感。加上檸檬糊，與優格奶油的清爽風味呈現統一感。收尾也是自由發揮。像鱗片般塗上的鮮奶油、配合裡面慕斯顏色的果凍膠擠成球狀，呈現出流行的造型。印象清爽柔和的外觀也很有魅力。

斷面可見立方體的慕斯和果凍，兩者呈現妙趣。慕斯的形狀容易散開，因此冷凍後切開再加進奶油，正是成品漂亮的重點。為了表現花田一望無際的風景，以小巧的甜點提供。

A 杏仁海綿蛋糕
[Biscuit aux Amandes]

材料（53×38×高3.5cm烤盤1個的份量）
杏仁糖粉（市售品）……300g
純糖粉……100g
全蛋*1……240g
蛋黃*1……130g
檸檬糊（市售品）……30g
蛋白……280g
細砂糖……135g
玉米澱粉……188g
奶油*2……75g
＊1 加在一起攪散。
＊2 融解調整成約50℃。

作法
❶ 杏仁糖粉、純糖粉、加在一起的全蛋和蛋黃的一半、檸檬糊倒入攪拌碗，用攪拌器以低速攪拌到變得滑順。
❷ 加在一起的全蛋和蛋黃少量加入①攪拌。切換成中速，持續充分攪拌至含有空氣變得輕柔。
❸ 蛋白倒入另一只攪拌碗，以高速攪拌。呈現份量，發白變成鬆軟的質感後同時加入細砂糖。攪拌至用打蛋器舀起，變成形成角狀會立刻稍微滴下的狀態。
❹ ②一邊加入③，一邊用漏勺從底部舀起來大略攪拌。不用完全混合。
❺ 玉米澱粉加進④，攪拌到粉末消失。
❻ 奶油加入⑤，從底部舀起來攪拌。
❼ ⑥倒到鋪了烘焙紙的53×38×高3.5cm的烤盤上，用刮板攤成厚度均勻，弄平。
❽ 在⑦的底下鋪上另一個烤盤，用上火、下火皆190℃的烤爐烘烤24～25分鐘。烤好後連同烤盤翻過來放在鋪了烘焙紙的揉麵板上，立刻取下烤盤。直接置於常溫下讓餘熱散去。

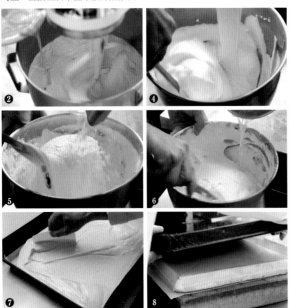

B 覆盆子果凍
[Gelée de Framboise]

材料（35×11×高2cm蛋糕框3個的份量，分成54塊）
覆盆子果醬……1kg
細砂糖……300g
明膠粉*……50g
冷水*……300g
＊加在一起浸泡明膠粉。

作法
❶ 覆盆子果醬和細砂糖倒入鍋中用中火烘烤，用打蛋器一邊攪拌一邊煮到沸騰。
❷ 浸泡的明膠粉加進①攪拌。讓餘熱散去。
❸ 35×11×高2cm的蛋糕框放在封上保鮮膜的烤盤上，在內側與底部封上保鮮膜貼緊。倒上②，放進冰箱冷卻凝固。

組合1

材料（53×38×高4cm蛋糕框1個的份量）
酒糖液*……190g
＊波美30度的糖漿100g、水50g和檸檬汁40g混合在一起。

作法
❶ A 橫向擺放，揭下烘焙紙。用菜刀縱向切成二等分。
❷ ①分別橫向擺放，從下面在高1cm的部分插入波刃麵包刀切成薄片。在跟前和內側，高1cm的長條沿著蛋糕體擺放就會比較好切。和在①切開前狀態相同，切掉邊緣，恰好能放入53×38×高4cm的蛋糕框。
❸ 53×38×高4cm的蛋糕框橫向放在鋪了烘焙紙的烤盤上。切成薄片的②的上面2片轉成縱向，切口朝下分別橫向排列放入。
❹ 用刷子把酒糖液灑在③上面。

C | 百香果慕斯
[Mousse aux Fruits de la Passion]

材料（53×33×高4cm蛋糕框1個的份量，分成108塊）

百香果果醬……500g
細砂糖……50g
明膠粉*1……18g
冷水*1……108g

＊1 加在一起浸泡明膠粉。
＊2 倒入調理碗，隔著冰水打發至7分。
放進冰箱冷卻。

◎義式打發蛋白
　細砂糖……300g
　水……100g
　蛋白……150g
鮮奶油（乳脂肪含量35％）*2
　……500g

作法

❶ 一半的百香果果醬和細砂糖倒入鍋中用中火烘烤，用打蛋器一邊攪拌一邊煮到沸騰。

❷ 關火，加入浸泡的明膠粉攪拌。

❸ 製作義式打發蛋白。細砂糖和水倒入另一只鍋子烘烤，熬煮到117℃。

❹ 蛋白倒入攪拌碗，以高速攪拌。加入少量的❸攪拌至含有空氣變得輕柔。切換成中速，一邊攪拌一邊調整成約32℃。

❺ 在❷加進剩下的百香果果醬攪拌。

❻ 打發至7分冷卻的鮮奶油倒入調理碗中，一半的❺分成2～3次添加，每次都充分攪拌。

❼ 剩下的❺分成2～3次加入❹，每次都充分攪拌。

❽ ❼加進❻，大略攪拌。大致混合後改拿橡膠刮刀，從底部舀起來攪拌，避免攪拌不充分。

❾ 53×33×高4cm的蛋糕框放在鋪了OPP圍邊紙的烤盤上，倒入❽，用L形抹刀攤開，弄平。急速冷凍。

❿ ❾分別切成33×8.8cm，變成6等分。

D | 覆盆子慕斯
[Mousse aux Framboises]

材料（53×33×高4cm蛋糕框1個的份量，分成108塊）

覆盆子果醬……500g
明膠粉*1……15g
冷水*1……90g

＊1 加在一起浸泡明膠粉。
＊2 倒入調理碗，隔著冰水打發至7分。
放進冰箱冷卻。

◎義式打發蛋白
　細砂糖……300g
　水……100g
　蛋白……150g
鮮奶油（乳脂肪含量35％）*2
　……500g

作法

參照C的作法。但是，在❶的步驟不添加細砂糖。

E | 青蘋果慕斯
[Mousse aux Pomme Vertes]

材料（53×33×高4cm蛋糕框1個的份量，分成108塊）

青蘋果果醬……800g
明膠粉*1……24g
冷水*1……140g
色素（綠色）……適量

＊1 加在一起浸泡明膠粉。
＊2 倒入調理碗，隔著冰水打發至7分。
　　放進冰箱冷卻。

◎義式打發蛋白
　細砂糖……160g
　水……50g
　蛋白……80g
鮮奶油（乳脂肪含量35％）*2
　……400g

作法

參照C的作法。但是，在❶的步驟不添加細砂糖。另外，在❸的步驟還要添加色素（綠色）。

F | 優格奶油
[Crème au Yaourt]

材料（49×34×高4cm蛋糕框1個的份量，分成18塊）

蛋黃……120g
檸檬汁……80g
純糖粉……250g
明膠粉*1……20g
冷水*1……120g
優格（無糖）……500g
檸檬皮*2……2顆
鮮奶油A（乳脂肪含量35％）*3……400g
鮮奶油B（乳脂肪含量45％）*3……600g

＊1 加在一起浸泡明膠粉。
＊2 刨絲。
＊3 加在一起倒入調理碗，隔著冰水打發至6分。放進冰箱冷卻。

作法

❶ 蛋黃、檸檬汁和純糖粉倒入銅碗，用打蛋器攪拌。

❷ ❶用小火～中火烘烤，連續打發，一邊攪拌一邊烘烤到出現光澤，含有空氣變得輕柔。煮好的溫度標準為81℃。

❸ 關火，加入浸泡的明膠粉攪拌。

❹ 優格和檸檬皮倒入調理碗，用小漏勺一邊過濾一邊添加❸，然後用橡膠刮刀充分攪拌。

❺ 加在一起打發至6分冷卻的2種鮮奶油倒入調理碗，加入❹攪拌後，改拿橡膠刮刀，從底部舀起來攪拌，避免攪拌不充分。

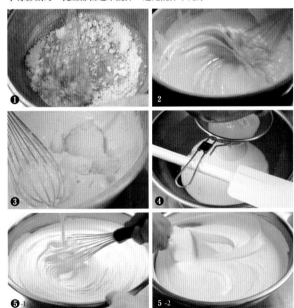

組合2

作法

❶ 在組合1的步驟④倒入一半的 F，用刮板攤開弄平。

❷ 將冷卻凝固的 B 約一個蛋糕框的份量，按壓到1×1cm的烤網上使其浮現出格子，依壓痕切成1×1cm。C D E 分別分成6等分，其中1份切成1×1cm。

❸ ②撒在①上面，用L形抹刀輕輕按壓。

❹ 倒入 F，將其蓋過撒在③上面的②，用L形抹刀攤開弄平。

❺ 將組合1切成薄片的步驟②下面（高1cm的 A），烘烤面朝下排列2片放上去。

❻ 噴灑酒糖液，放上揉麵板輕輕按壓。急速冷凍。

裝飾

材料（約11×8cm長方形18個的份量）

鮮奶油*1……適量
果凍膠（黃色／綠色）*2……各取適量
果凍膠（紅色）*3……適量

＊1 加糖8%。打發至8分。
＊2 在透明果凍膠（非烘烤型）加入黃色或綠色色素攪拌。
＊3 加入適量的透明果凍膠（非烘烤型）250g（容易製作的份量，以下皆同）、草莓果醬250g和櫻桃白蘭地攪拌。

作法

❶ 組合2的步驟⑥連同烤盤翻過來橫向放在揉麵板上，取下烤盤揭下烘焙紙。用噴槍在蛋糕框周圍烘烤並取下蛋糕框，縱向切成二等分（變成2個約38×26.5cm）。

❷ 鮮奶油放在①上面，用抹刀塗成薄薄一層。放進冷凍庫。

❸ 切掉②的邊緣，用菜刀加上線條，上面形成9個約12.5×8.5cm長方形格子。

❹ 在③用抹刀把鮮奶油塗成鱗片狀的圖案。鱗片狀圖案為每1格子4×3個（每一個蛋糕12×9個）。

❺ 3種果凍膠分別倒進錐形袋，在鱗片狀圖案的中央擠成球狀。各個顏色不和相同顏色相鄰。各個顏色分別有36個。

❻ 沿著在③加上的線條，切成約11×8cm的長方形。

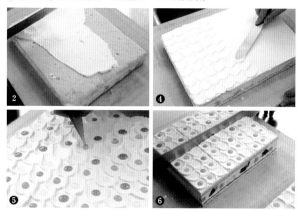

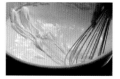

製法的重點

{ 杏仁海綿蛋糕 }

表現輕輕散開的口感

特色是調配玉米澱粉取代麵粉。因為玉米澱粉不含麩質，所以能呈現出輕輕散開的輕盈口感，也能強調杏仁芳香的風味。但是主體較不結實，烘烤後蛋糕體容易塌陷，所以烘烤面要朝下冷卻。

{ 優格奶油 }

慢慢地烘烤

基底的炸彈麵糊使用檸檬汁取代水。因為水分較少，所以用打蛋器連續攪拌，慢慢地烘烤，就能變得柔軟。火候為小火～中火。煮好的溫度以81℃為標準。

愛用的製作糕點用具

介紹一下長年來用得順手的用具類。
糖果用的用具則有我獨特的用法。

漏勺

法國版的漏勺。一般在歐洲是當成麵糊混合時的用具，自從在巴黎修業時期遇見它以來，便一直是我愛用的用具。特色是大略攪拌時不會弄破氣泡。

各種模具

依照形狀會使甜點的印象改變，所以我準備了各種模具。從右上依順時針方向為花型蛋糕模、塞拉耶佛模具、熱內亞蛋糕模、和最常使用的圓形模具。

小型銅鍋

雖然我有大小不同尺寸的銅鍋，但最常使用的是直徑14cm的小型銅鍋。在製作糖果或義式打發蛋白的糖漿時經常用到。

木製方型盒

「五彩翻糖」等糖果成形時好用的用具。我對尺寸很講究，特別向製造日式糕點用具的公司訂購。內部尺寸57×47×高3cm，正好能放進60×40cm的烤盤。

球斷器

也活用了日式糕點用具。利用糰子成形時使用的球斷器，切開「里昂的小枕頭」或加了水果糖的「沙沙三角脆糖」。切口不僅漂亮，而且也能提升作業效率。

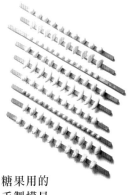

糖果用的
手製模具

石膏製成所需形狀，黏在木材上的手製模具。可按壓塞進木製方型盒的砂糖類形成凹陷，或是倒上糖果液等成形。

III

Confiseries

FUJIU的
糖果

Caramels

Pâte d'Amandes

Calissons

Bonbons

Nougats

Meringues

Marshmallows

Créations

Caramel
Salé / Thé Orange
［鹹焦糖／柳橙焦糖］

　　「焦糖」是我在10年前，參考《近代製菓概論TRAITÉ DE PATISSERIE MODERNE》裡頭介紹的「Caramel Mou」製作出來的糖果，意思是柔軟的焦糖，擁有出獨特的滋味。砂糖類、乳製品和奶油加在一起熬煮，再倒進模具凝固就好，製法非常簡單，依照比例與熬煮方式，使味道與香味出現極大差異。在古典食譜中水分只有牛奶，不過我把其中一半換成鮮奶油，然後增加了奶油的份量，在強調深刻濃郁與豐富香味的同時，也表現出入口即化的口感。我研究熬煮程度與添加奶油的時機，並且攪拌到充分乳化，以獨特的工法接近理想中的味道。

現在店裡有4種焦糖口味。右邊是摻入開心果和核桃等5種堅果的「蒙地安焦糖」，左邊是含有苦味巧克力的濃郁風味，深具魅力的「巧克力焦糖」。

Caramels ｜ 焦糖

Engadiner

［恩加丁納塔］

依照焦糖的熬煮程度會使口感呈現極大差異。使用溫度計確實調整硬度十分重要。鬆脆散開的餅乾底，和黏糊的焦糖堪稱絕配。

　　瑞士恩加丁地區以產出優質核桃而聞名，這正是當地的在地甜點。以芳香的塔皮包覆加了核桃的焦糖，濃郁的滋味深具魅力。在日本可以見到烘烤後，切成圓形或長方形，當成半生烘焙甜點販賣，而我做成一口大小，當成糖果來吃。甜塔皮使用發酵奶油，使用大量的砂糖和雞蛋，更利用香草的香氣來呈現豐富的口味。另外，也使用發粉呈現鬆脆輕盈的口感。焦糖用酸奶油和檸檬汁，讓濃郁的風味增添清爽。除了核桃也摻入杏仁，讓味道呈現層次。

鹹焦糖／柳橙焦糖
[Caramel Salé / Thé Orange]

A 鹹焦糖
[Caramel Salé]

材料（32×22.5×高4cm蛋糕框1個的份量，分成約176顆）

鮮奶油（乳脂肪含量35%）……200g
牛奶……200g
細砂糖……300g
麥芽糖……150g
轉化糖（Trimoline）……150g
奶油*[1]……300g
鹽*[1]……8g
杏仁（去皮）*[2]……50g
榛果（去皮）*[2]……50g

＊1 奶油調整成35℃，和鹽巴混合。
＊2 用上火、下火皆160℃的烤爐烘烤約20分鐘，切粗粒。

作法

❶ 鮮奶油、牛奶、細砂糖、麥芽糖、轉化糖倒入銅碗用中火加熱。

❷ 用打蛋器一邊攪拌一邊熬煮。沸騰後氣泡會一口氣冒到銅碗邊緣，所以要注意別煮到溢出來，並且不斷地用打蛋器攪拌。超過110℃氣泡會退去，並且開始變色。

❸ 加熱至120℃後關火，一邊添加混合鹽巴的奶油，一邊用打蛋器攪拌至充分乳化。如果溫度低於120℃就不會充分乳化，會形成太柔軟的質地；反之若溫度太高，過度乳化，就會變得太硬。

❹ 出現光澤後，加入杏仁和榛果，用刮刀攪拌。

B 柳橙焦糖
[Caramel Thé Orange]

材料（32×22.5×高4cm蛋糕框1個的份量，分成約176顆）

鮮奶油A（乳脂肪含量35%）……200g
牛奶……200g
格雷伯爵茶茶葉……25g
細砂糖……300g
麥芽糖……150g
轉化糖（Trimoline）……150g
鮮奶油B（乳脂肪含量35%）……適量
奶油*……75g
可可脂*……75g
柳橙糊（市售品）*……50g

＊奶油和可可脂調整成35℃加在一起，和柳橙糊混合。

作法

❶ 鮮奶油A和牛奶倒入鍋中用中火加熱。

❷ 沸騰後關火，加入格雷伯爵茶茶葉，在調理碗蓋上蓋子，直接靜置約10分鐘。

❸ 細砂糖、麥芽糖、轉化糖倒入銅碗，用小漏勺一邊過濾一邊添加②。用橡膠刮刀按壓留在小漏勺上的茶葉，充分過濾。

❹ 測量重量，添加鮮奶油B調整成1kg（補上蒸發的水分）。

❺ ④用中火加熱。進行和 A 的步驟②同樣的作業。

❻ 變成120℃後關火，添加混合柳橙糊的奶油和可可脂，用打蛋器攪拌充分乳化。

裝飾

作法

❶ 製作「鹹焦糖」。在32×22.5×高4cm的蛋糕框內側側面塗上奶油（額外份量），放在鋪了烘焙紙的揉麵板上。

❷ 倒入Ａ，用刮刀將表面刮平。變成厚度約1.2cm。

❸ 放進冰箱冷卻充分凝固。

❹ 從揉麵板連同烘焙紙取下❸的焦糖，蛋糕框翻過來放在砧板上。揭下烘焙紙，水果刀插入蛋糕框內側側面，將蛋糕框取下。

❺ 用波刃麵包刀切成2×2cm。

❻ 排在鋪了OPP圍邊紙的烤盤上，立刻用玻璃紙包起來。

❼ 製作「柳橙焦糖」。使用Ｂ取代Ａ，進行和步驟①～⑥同樣的作業。

製法的重點

{ 鹹焦糖／柳橙焦糖 }

調配細砂糖、麥芽糖、轉化糖

古典食譜《近代製菓概論TRAITÉ DE PATISSERIE MODERNE》中，刊出意指柔軟焦糖的「Caramel Mou」的食譜，內容是在牛奶添加方糖和葡萄糖熬煮。所以，我把方糖換成細砂糖，其他份量的一部分變更為轉化糖。這個作法的目的是提高焦糖的保水性，如果這樣調配，可以防止放了一段時間後，糖分再次結晶使口感變差的情形。

使用大一點的銅碗熬煮

熬煮細砂糖、牛奶和鮮奶油時，為了防止煮開溢出，要使用大一點的銅碗。不斷地用打蛋器攪拌也是重點。

觀察熬煮的狀態，充分乳化

熬煮鮮奶油和砂糖時，要熬煮到約120℃（冷卻後用手指勾起會變成球體的狀態）。變成約120℃後關火，添加奶油充分乳化到出現美麗光澤後，便完成口感滑順的焦糖。如果以低於120℃的溫度關火添加奶油，不

僅不會充分乳化，也不會充分凝固，會變成太軟的焦糖。反之溫度太高雖然很容易乳化，可是會變硬。此外，沒有充分乳化在凝固的階段可能會分離，因此必須注意。

{ 柳橙焦糖 }

「鹹焦糖」以外調配可可脂

像是柳橙焦糖等，鹹焦糖以外增添風味的焦糖，我把奶油份量的其中一半變更為可可脂。使用可可脂就不易氧化。但是，鹹焦糖為了表現出奶油的風味，就不使用可可脂。

恩加丁納塔

[Engadiner]

A 甜塔皮

[Pâte Sucrée]

材料（32×22.5×高4cm蛋糕框2個的份量，分成約150塊）

發酵奶油*¹……375g
純糖粉*²……225g
香草糖*²……5g
全蛋*³……125g
杏仁粉……75g
高筋麵粉（日清製粉「傳奇」）*⁴……500g
發粉*⁴……5g

＊1 室溫，打至濃稠乳霜狀。
＊2、4 分別加在一起。
＊3 攪散，隔水加熱調整成體溫溫度。

作法

❶ 發酵奶油倒入攪拌碗，用攪拌器以低速攪拌。
❷ 將加在一起的純糖粉和香草糖，同時加進①攪拌。
❸ 切換成中速，全蛋分成3～4次加入攪拌。
❹ 杏仁粉加進③攪拌。
❺ 切換成低速，加在一起的高筋麵粉和發粉同時加入攪拌。在此切換成低速，是為了不讓粉末飛散。在粉末稍微殘留時關掉攪拌器。
❻ 用刮板從底部舀起，攪拌至整體均勻，避免攪拌不均勻。
❼ 裝進塑膠袋用手弄平，放進冰箱靜置一晚。

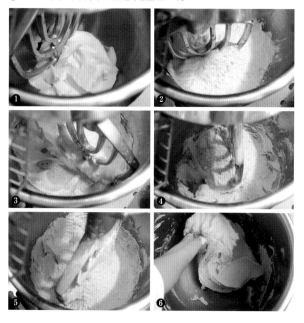

B 焦糖

[Caramel]

材料（32×22.5×高4cm蛋糕框2個的份量，分成約150塊）

鮮奶油（乳脂肪含量35%）……400g
酸奶油……200g
發酵奶油……400g
鹽……2g
香草莢*¹……1條
香草精……2g
細砂糖……1kg
檸檬汁……20g
杏仁（去皮）*²‧³……100g
核桃（去皮）*³……500g

＊1 從香草莢中取出香草籽，僅使用香草籽的部分。
＊2 用上火、下火皆160℃的烤爐烘烤約20分鐘。
＊3 切成7～8mm丁塊。

作法

❶ 在製作B的作業前可以進行「組合、烘烤、裝飾」（第159頁）的步驟①～⑦。鮮奶油、酸奶油、發酵奶油、鹽巴、香草莢、香草精倒入鍋中用中火加熱，煮到沸騰。
❷ 細砂糖倒入銅碗用大火加熱，用打蛋器一邊攪拌一邊融解。
❸ ①分成數次加進②攪拌。在此如果①的溫度太低就會溢出來，所以一定要讓①沸騰。
❹ 用打蛋器一邊攪拌一邊用大火持續加熱，熬煮到變成119～120℃。
❺ 變成119～120℃後關火，加進檸檬汁攪拌。
❻ 加進核桃和杏仁，用刮刀攪拌到餘熱散去變成濃稠的狀態。

組合、烘烤、裝飾

作法

❶ A 放在工作檯上，一邊折疊一邊用手輕輕揉和變得均勻。揉成棒狀，用擀麵棍碾壓，變成容易通過壓麵機的厚度。

❷ 通過壓麵機，延展成厚3mm。

❸ 在表面戳洞，放上32×22.5×高4cm的蛋糕框，從蛋糕框的外圍向外距離約5mm，用水果刀切掉多餘的 A 。製作4個。分別放進冰箱冷卻凝固。

❹ ③放在烤盤上，疊上蛋糕框。

❺ 用160℃的對流烤箱烘烤約20分鐘。直接置於常溫下讓餘熱散去。

❻ 水果刀插進蛋糕框內側側面，取下蛋糕框，除去多餘的塔皮。

❼ 2個32×22.5×高4cm的蛋糕框放在鋪了烘焙紙的揉麵板上，⑥的烘烤面朝下逐一放入。

❽ B 的一半（約1.3kg）分別放入⑦，用刮刀把上面攤平，厚度要均等。

❾ ⑥的烘烤面朝上逐一放在⑧上面。

❿ 蓋上烘焙紙放上揉麵板，連同下面的揉麵板上下翻過來，再上下反過來，讓 A 與 B 確實貼緊。

⓫ 取下放在上面的揉麵板，揭下烘焙紙，用塑膠製的板子按壓弄平，讓塔皮與配料確實貼緊。置於常溫下完全冷卻。

⓬ 取下⓫的蛋糕框橫向放在砧板上，用波刃麵包刀縱向切成寬6cm。

⓭ ⑫分別橫向放置，縱向切成寬約1.5cm。

製法的重點

｜ 甜塔皮 ｜

恩加丁納塔專用的調配

把一般的甜塔皮改編成恩加丁納塔專用的塔皮。除了使用發酵奶油，相較於粉類，藉由增加奶油、砂糖與雞蛋的份量，展現豐富的滋味與柔軟的口感。而添加發粉則能表現出塔皮的鬆脆，夾在中間的焦糖口感濕潤，堅果呈現出酥脆感，達到互相搭配的感覺。

｜ 焦糖 ｜

添加酸奶油

清爽風味的酸奶油正是提味祕方。在紮實的甜味中添加一分清爽，就能表現出豐富的風味。

熬煮到119～120℃

熬煮到氣泡變大狀態黏糊的119～120℃，便能呈現柔軟、口感佳的質地。如果熬煮程度不夠，就會太軟不會凝固；反之熬煮過頭會變硬，口感也會變差。

｜ 組合 ｜

等焦糖冷卻後組合

焦糖趁熱倒在甜塔皮上，焦糖的部分如果太軟，核桃和杏仁會向下沉，口感會無法均勻。要先用橡膠刮刀一邊攪拌一邊讓餘熱散去，變得黏稠就可以開始組合作業。但是，過度冷卻會失去流動性，作業性也會變差，因此必須注意。從銅鍋移到調理碗時，一定要先將調理碗加熱。如果倒進冰涼的調理碗，焦糖就會馬上凝固。

Ravioli

[方餃]

杏仁粉和糖漿加在一起製作的杏仁塔皮，除了用於工藝、巧克力糖果的中心和甜點的裝飾等，同時也是糖果的常見種類。由於和堅果與水果容易混合，所以顏色、風味與設計等容易增添變化，能構思各種商品的變化，這點極具魅力。「方餃」正如其名，是想像用四方的麵團包住肉的義大利料理方餃。在我開始研究糖果之時，我在法國餐廳吃到道地的方餃，讓我出於玩心設計出這道甜點。在中間薄餅碎片的奶油杏仁糖加上少量鹽巴，讓味道呈現深度。

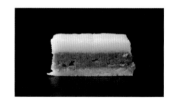

想像義大利料理方餃，杏仁塔皮不著色，而是加上花紋。薄餅碎片鬆脆的口感很有意思，夾上奶油杏仁糖之後再淋上糖衣。

Pâte d'Amandes ｜ 杏仁塔皮

Pâte d'Amandes Fruits
［杏仁水果甜塔］

Fruit Déguisé
［糖衣水果］

杏仁水果甜塔的變化
在店頭除了介紹的「杏桃」，還準備了「黑醋栗」、「草莓」、「青蘋果」。想像各自的風味，在杏仁塔皮上著色。

　　本書介紹的杏仁塔皮，基本上是從《近代製菓概論TRAITÉ DE PATISSERIE MODERNE》記載的「杏仁軟糖塔皮」的食譜改編而來。在古典食譜中，砂糖是杏仁粉的2～4倍份量最適當，不過我把砂糖類改成杏仁粉的1.6倍份量，提高杏仁的比例，強調豐富的風味。「杏仁水果甜塔」是一道獨創的甜點，杏仁塔皮的濃郁襯托出水果糖水潤的果實感。「糖衣水果」是古典甜點，我記得在巴黎修業時期準備外燴時都會製作。在法國是和花飾小蛋糕擁有相同地位的甜點。

方餃
[Ravioli]

A 杏仁軟糖塔皮
[Pâte d'Amandes Fondante]

材料（容易製作的份量）
水……175g
細砂糖……500g
麥芽糖……50g
轉化糖（Trimoline）……50g
杏仁粉＊……375g
純糖粉……適量
＊把生的馬可納杏仁做成自製杏仁粉，並且冷卻。

作法
❶ 水、細砂糖、麥芽糖、轉化糖倒入鍋中，轉到中火～大火，加熱到118℃，熬煮到變成軟球狀（冷卻後用手指勾起來變成小球體的狀態）。
❷ 和①的作業同時進行，杏仁粉倒入攪拌碗，用攪拌器以低速攪拌。
❸ 沿著攪拌碗內側側面把①倒入②。
❹ 切換成中速，攪拌至糖分結晶化發白。開始變成顆粒狀即可。注意攪拌過度就不會合在一起。
❺ 將純糖粉撒在揉麵板上，放上④。
❻ 用手揉成一團。用保鮮膜包好，放進冰箱冷卻。

B 白蘭地風味杏仁塔皮
[Pâte d'Amandes au cognac Remy Martin]

材料（32×22.5×高4cm蛋糕框1個的份量，分成約70塊）
純糖粉……適量
杏仁軟糖塔皮（A）……500g
干邑白蘭地（Remy Martin VSOP）……適量

作法
❶ 純糖粉撒在揉麵板上放上A，在A的中央滴上白蘭地。
❷ 用刮板切割重疊，再用手按壓。這個作業進行數次。添加干邑白蘭地調整硬度，用手折疊揉和，然後揉成一團。

C 杏仁糖
[Praliné]

材料（容易製作的份量）
牛奶巧克力
（嘉麗寶「823 Callets」／可可含量33.6%」）……100g
榛果杏仁糖（市售品）……500g
杏仁果仁糖（市售品）……500g

作法
❶ 牛奶巧克力倒入調理碗，隔水加熱融解。
❷ ①隔水加熱至軟化後，加入榛果杏仁糖和杏仁果仁糖，用橡膠刮刀攪拌均勻。

D 薄餅碎片奶油杏仁糖
[Crème Praliné Feuillantine]

材料（容易製作的份量）
杏仁糖（C）……333g
牛奶巧克力
（嘉麗寶「823 Callets」／可可含量33.6%」）……50g
可可脂……33g
鹽……0.65g
薄餅碎片（市售品）……88g

作法
❶ C、牛奶巧克力、可可脂和鹽巴倒入調理碗隔水加熱，用橡膠刮刀攪拌融解。
❷ ①隔水加熱至軟化後，加入薄餅碎片攪拌。

E 糖漿（浸泡用）
[Sirop]

材料（容易製作的份量）
水……750g
細砂糖……1.875kg

作法
❶ 水和細砂糖倒入鍋中，用中火～大火加熱。
❷ 熬煮到糖度72%。
❸ 離火讓餘熱散去，封上保鮮膜直接置於常溫下一晚。因為糖度很高，所以要慢慢地冷卻。如果急劇冷卻就會結晶化。

組合、裝飾

材料（32×22.5×高4cm蛋糕框1個的份量，分成約70塊）

純糖粉……適量

作法

❶ B 放在撒上純糖粉的揉麵板上，切成2等分。撒上純糖粉，同時各別用擀麵棍延展成剛好能放入32×22.5×高4cm蛋糕框的大小。厚度約2mm。

❷ 將一片①放在鋪了烘焙紙的擀麵板上，從上方放上蛋糕框。

❸ D 倒進②，用刮板將上面刮平使厚度均等。

❹ 裝飾用的擀麵棍在①的另一片上面滾動，加上線條。

❺ ④加上線條的一面朝上放在③上面，用手輕輕按壓使它貼緊。

❻ 用塑膠板按壓弄平，放進冰箱冷卻凝固。

❼ ⑥放在揉麵板上，水果刀插入蛋糕框內側，取下蛋糕框。

❽ 用菜刀切成3.2×3.2cm。

❾ 在⑧的中央用水果刀刀背劃出線條，與在④加上的線條成直角。

❿ 在鋪上烘焙紙的烤盤上立起⑨排列。置於常溫下乾燥一晚。

⓫ ⑩逐一翻過來，在常溫下繼續靜置乾燥一晚。

⓬ ⑪倒入調理碗等容器，倒滿 E 將⑪完全蓋過，上面用保鮮膜貼緊，置於常溫下一晚。

⓭ 用漏勺舀起⑫，立起排在放了烤網的烤盤上，置於常溫下乾燥一晚。

⓮ ⑬逐一放倒排列，置於常溫下1～2晚，直到表面整體乾燥結晶化。

製法的重點

{ 杏仁軟糖塔皮 }

調配杏仁1.6倍份量的砂糖

在古典食譜《近代製菓概論TRAITÉ DE PATISSERIE MODERNE》中，有刊出「杏仁軟糖塔皮」的食譜，裡面相對於杏仁，添加了2～4倍份量的砂糖。不過我調整了包含麥芽糖等的糖類，改成1.6倍的份量。藉由提高杏仁的比例，強調杏仁的風味。另外，砂糖的一部分換成麥芽糖和轉化糖，表現出濕潤滑順的質感。

使用熬煮到118℃的糖漿

糖漿熬煮到變成軟球狀（冷卻後用手指勾起會變成小球體的狀態）。依照調配方式與理想的質感，熬煮時合適的溫度也不同，不過要是溫度太低，和杏仁粉混合時不會結晶化，會變成黏糊糊太軟的質感；假如溫度太高，立刻結晶化變硬，就會變成粗澀的質感。我在調配時會有適度的黏度，118℃時的硬度容易處理，正是合適的溫度。

{ 薄餅碎片奶油杏仁糖 }

添加少量鹽巴

設計靈感是義大利料理方餃。為了在風味也表現出這個印象，添加了少量鹽巴。藉由略微的鹹味強調出有深度的滋味。

{ 裝飾 }

充分冷卻後切開

用杏仁軟糖塔皮夾上薄餅碎片奶油杏仁糖，放進冰箱充分冷卻。如果沒有變涼，切開時奶油會從切口流出來，成品就不好看。

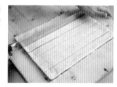

杏仁水果甜塔
| Pâte d'Amandes Fruit |

糖衣水果
| Fruit Déguisé |

A 杏仁軟糖塔皮
| Pâte d'Amandes Fondante |

材料與作法

→ 參照第162頁。準備容易製作的份量。

若是用於「杏仁水果甜塔」，同樣進行至第162頁的步驟⑥，之後進行以下的作業。

❶ 純糖粉（額外份量）撒在揉麵板上，放上500g的杏仁軟糖塔皮。分成2等分，一份添加適量的紅色與黃色色素（額外份量），用手揉和使色調均勻。加上另一份揉和，適度添加紅色與黃色色素調整顏色，使色調均勻。

❷ ①分成2份，分別用擀麵棍延展成能放入32×22.5×高4cm蛋糕框的大小。厚度約2mm。

❸ ②的1片放在鋪了烘焙紙的揉麵板上，從上面套上蛋糕框。

B 杏桃水果糖
| Pâte de Fruit aux Abricots |

材料（32×22.5×高4cm蛋糕框1個的份量）

杏桃果醬……400g	細砂糖B*²……600g
百香果果醬……200g	海藻糖*²……120g
細砂糖A*¹……60g	麥芽糖*²……120g
果膠（粉末）*¹……20g	檸檬酸（液體）……12g

＊1、2 分別加在一起。

作法

❶ 杏桃果醬、百香果果醬、加在一起的細砂糖A和果膠倒入銅碗，用中火～大火加熱，用打蛋器一邊攪拌一邊熬煮。果膠粉末直接加進液體容易形成結塊，所以一定要預先和細砂糖加在一起。

❷ 加在一起的細砂糖B、海藻糖、麥芽糖分成數次加進①，不斷攪拌持續加熱。溫度別下降，要不斷上升，讓熬煮的狀態穩定。

❸ 攪拌的手變沉重，變成黏度高的泡狀後測量糖度。熬煮到糖度74～75%。

❹ 關火，加入檸檬酸攪拌。添加檸檬酸後，馬上會開始凝固，所以要快速作業。

材料與作法

→ 參照第162頁。準備容易製作的份量。

組合、裝飾
（杏仁水果甜塔）

作法

❶ B趁熱倒在A的蛋糕框裡，用刮刀將上面刮平使厚度均等。

❷ 沒有套上蛋糕框的一片A疊在①上面，B放進冰箱冷卻充分凝固。

❸ ②上下翻過來放在鋪了烘焙紙的揉麵板上，揭下上面的烘焙紙。水果刀插入蛋糕框內側側面，將蛋糕框取下。

❹ 用菜刀切成2.5×2.5cm。

❺ 杏仁軟糖塔皮那一面在跟前與內側，排在鋪了烘焙紙的烤盤上。置於常溫下一晚，讓表面乾燥。若不充分乾燥，淋上糖衣後，裡面的水冒出，表面的糖衣融解，就會變得黏糊糊。

❻ ⑤加進倒入C的調理碗，上面用保鮮膜貼緊，置於常溫下一晚。

❼ 撈到篩子裡，杏仁軟糖塔皮那一面在跟前與內側，排在放了烤網的烤盤上，置於常溫下乾燥一晚。

❽ ⑦逐一翻過來，繼續置於常溫下1～2晚，直到表面整體乾燥結晶化。

組合、裝飾
（糖衣水果）

材料（容易製作的份量）
糖漬櫻桃（切成一半）……適量
◎糖漿……做好取適量
　水……125g
　細砂糖……500g

作法

❶ 製作糖漬櫻桃的「糖衣水果」。將7g的Ⓐ搓圓。

❷ 用2個切成一半的糖漬櫻桃夾住①。

❸ ②排在鋪了烘焙紙的烤盤上，置於常溫下3天充分乾燥。

❹ 用長約10cm的鐵絲插進③，另一端彎成鉤狀。

❺ 製作糖漿。水和細砂糖倒入鍋中用中火～大火加熱，熬煮到145℃。在開始變色前離火，鍋底隔著冷水抑制溫度上升。

❻ 趁著⑤還熱，拿著鐵絲浸泡④。

❼ 高12～13cm的台子放在烤盤上，在上面放上烤網固定。使用鐵絲的鉤子把④掛在烤網邊緣，去掉多餘的糖漿讓表面乾燥。

❽ 表面乾燥後取下鐵絲。

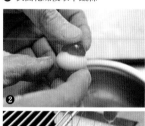

製法的重點

｜ 杏桃水果糖 ｜

糖度為74～75％

糖度太高完成時會變硬，雖然糖度低口感不錯，可是會立刻鬆弛，保形性變低。糖度應以74～75％為標準。在熬煮途中反覆測量糖度，記住變成糖度72％時手的感覺，就能辨認熬煮的程度。

｜ 糖衣水果 ｜

使用醃漬水果和堅果

在古典食譜《近代製菓概論TRAITÉ DE PATISSERIE MODERNE》也有介紹「糖衣水果」的食譜。生杏桃浸泡在白蘭地裡，染成白色或粉紅色的杏仁軟糖塔皮，塞進原本有種子的部分，再淋上翻糖醬裝飾。考量現代日

本人的喜好，我決定使用醃漬水果和堅果，而不是浸過白蘭地的水果。表面用糖漿塗層取代翻糖醬。一面抑制甜味，一面表現出有光澤的外觀和酥脆的口感。

Coussin
Blanc / Café / Vert
［里昂的小枕頭　白色／咖啡色／綠色］

　　法語中意指「墊子」的里昂的鄉土點心。以美食之都而聞名的里昂，絲織產業也十分有名。「里昂的小枕頭」這種糖果是仿造宗教儀式使用的里昂製絲織墊子。雖然用綠色杏仁塔皮包住伽納徹再切開的才是正統派，不過現在使用粉紅色或黃色等彩色的杏仁塔皮，包住杏仁糖或水果果醬等，種類變化多端。我製作3種里昂的小枕頭。裡面是濃郁且圓潤的奶油杏仁糖，有可可風味、咖啡風味、加入薄餅碎片等，提供風味與口感不同的多種變化。

由左至右是可可風味的「白色」、咖啡風味的「咖啡色」、加入薄餅碎片的「綠色」。利用日式糕點所使用的球斷器切開，比當地小　號的里昂的小枕頭。

Pâte d'Amandes ｜ 杏仁塔皮

Bouchon
Pistache / Nature
軟木塞　開心果／原味

左圖是用摻入開心果糊的杏仁塔皮包住奶油榛果醬的「開心果」口味。右圖是用加了巧克力米的杏仁塔皮包住奶油杏仁糖的「原味」口味。

「Bouchon」在法語中意指葡萄酒的軟木塞。構造和「里昂的小枕頭」（第166頁）幾乎一樣。我有個朋友尚·馬爾克·斯克里班特（Jean-Marc Scribante）先生在里昂郊外經營巧克力專賣店，我所製作的軟木塞是根據他的食譜。用延展成薄片狀的杏仁塔皮，捲起棒狀堅果奶油的手法和里昂的小枕頭相同，不過軟木塞之後會切成圓筒形。我的店裡提供2種軟木塞。杏仁塔皮在「開心果」口味中摻入開心果糊，表現濃郁的滋味；在「原味」中則是塞入巧克力米，使口感呈現變化。

里昂的小枕頭・白色／咖啡色／綠色
[Coussin Blanc / Café / Vert]

A 杏仁軟糖塔皮
[Pâte d'Amandes Fondante]

材料與作法

→ 參照第162頁。準備容易製作的份量。
做好取330g用於「里昂的小枕頭・白色」，約為128個的份量。

B 咖啡色杏仁塔皮
[Pâte d'Amandes Café]

材料（約128個的份量）

純糖粉……適量
杏仁軟糖塔皮（A）……330g
濃縮咖啡萃取物……適量

作法

❶ 在揉麵板撒上純糖粉放上A，在A的中央滴上濃縮咖啡萃取物。
❷ 用刮板切割重疊，再用手按壓。這個作業進行數次。添加濃縮咖啡萃取物調整顏色，用手折疊揉和直到色調均勻。中途適度撒上純糖粉。
❸ ②切成2等分，撒上純糖粉並且分別用擀麵棍延展成厚2mm，調整成26×25cm。

C 綠色杏仁塔皮
[Pâte d'Amandes Vert]

材料（約128個的份量）

杏仁軟糖塔皮（A）……330g
純糖粉……適量
色素（綠色）……適量

作法

❶ 在揉麵板撒上純糖粉放上A，在A的中央滴上色素。
❷ 和B的步驟②～③同樣製作。

D 杏仁糖
[Praliné]

材料與作法

→ 參照第162頁。準備容易製作的份量。

E 可可風味奶油杏仁糖
[Crème Praliné Cacao]

材料（約128個的份量）

杏仁糖（D）……250g
可可脂……25g
可可粉……50g
橙皮甜酒（康彼樂「索米爾濃縮60°」）……適量

作法

❶ D和可可脂倒入調理碗，隔水加熱用橡膠刮刀攪拌融解。
❷ ①冷卻到變成常溫，加入可可粉攪拌。
❸ 加入橙皮甜酒攪拌，調整成容易形成棒狀的硬度（巧克力和水分起反應會變硬）。

F 咖啡風味奶油杏仁糖
[Crème Praliné Café]

材料（約128個的份量）

杏仁糖（D）……250g
牛奶巧克力（嘉麗寶「823 Callets」／可可含量33.6%）……50g
濃縮咖啡萃取物……12g
橙皮甜酒（康彼樂「索米爾濃縮60°」）……適量

作法

❶ D和牛奶巧克力倒入調理碗，隔水加熱用橡膠刮刀攪拌融解。
❷ ①冷卻到變成常溫，加入濃縮咖啡萃取物攪拌。
❸ 加入橙皮甜酒攪拌，調整成容易形成棒狀的硬度。

G 薄餅碎片奶油杏仁糖
[Crème Praliné Feuillantine]

材料（約128個的份量）

杏仁糖（D）……250g
牛奶巧克力（嘉麗寶「823 Callets」／可可含量33.6%）……50g
薄餅碎片（市售品）……35g
橙皮甜酒（康彼樂「索米爾濃縮60°」）……適量

作法

❶ D和牛奶巧克力倒入調理碗，隔水加熱用橡膠刮刀攪拌融解。
❷ ①冷卻到變成常溫，加入薄餅碎片攪拌。
❸ 加入橙皮甜酒攪拌，調整成容易形成棒狀的硬度。

H 糖漿（浸泡用）
［ Sirop ］

材料與作法
→ 參照第162頁。準備容易製作的份量。

組合、裝飾

材料（約128個的份量）
純糖粉……適量
橙皮甜酒（康彼樂「索米爾濃縮60°」）……適量

作法
❶ 製作「里昂的小枕頭・白色」。330g的 A 切成2等分，撒上純糖粉並且分別用擀麵棍延展成厚2mm，調整成26×25cm。
❷ E 分割為8個，每個為40g，放在撒上純糖粉的揉麵板上。分別用手滾動，變成長25cm的棒狀。
❸ 一片①縱向放在揉麵板上，將②橫向放在離跟前邊緣約2mm內側。從①的跟前邊緣包住②捲一圈。
❹ 捲完的部分用尺貼住按壓，讓①和②貼緊。
❺ 在離捲完的部分約1.5cm內側用刷子塗上橙皮甜酒，繼續捲到這裡黏住。
❻ 從上面用手掌根輕輕拍打整體弄平。
❼ 用派皮滾刀切到黏住的部分。
❽ 之後重複7次②～⑥的作業。每一片①變成4捲。
❾ 在日式糕點用的球斷器撒滿純糖粉放上⑧，繼續撒純糖粉，切成1.5×1.5cm。
❿ ⑨放在鋪上烘焙紙撒上純糖粉的烤盤上，用水果刀切散攤開。置於常溫下乾燥一晚。
⓫ ⑩逐一翻過來，繼續置於常溫下乾燥一晚。
⓬ 撢落多餘的純糖粉倒入調理碗等容器，倒滿 H 將⑨完全蓋過，上面用保鮮膜貼緊，置於常溫下一晚。
⓭ 用漏勺舀起⑫，排在放了烤網的烤盤上，置於常溫下乾燥一晚。
⓮ ⑬逐一翻過來，繼續置於常溫下1～2晚，直到表面整體乾燥結晶化。
⓯ 製作「里昂的小枕頭・咖啡色」。用 B 取代 A ，用 F 取代 E ，進行和步驟①～⑭同樣的作業。
⓰ 製作「里昂的小枕頭・綠色」。用 C 取代 A ，用 G 取代 E ，進行和步驟①～⑭同樣的作業。

❸

❽

⓫

⓭

製法的重點

｛ 奶油杏仁糖 ｝

用橙皮甜酒調整硬度
巧克力加上酒類會變硬。以2種堅果和牛奶巧克力為主體的奶油杏仁糖，因為要用杏仁軟糖塔皮包住且做成棒狀，所以需要適度的硬度。因此和酒類加在一起，藉由巧克力與水分的反應呈現硬度。但是，加太多變太硬就會變得乾巴巴，因此須注意。

｛ 組合、裝飾 ｝

捲成沒有間隙
用薄片狀的杏仁軟糖塔皮包住棒狀的奶油杏仁糖時，捲一圈後要用尺貼住按壓，確實貼緊，不要有間隙。杏仁軟糖塔皮涼掉會變硬，就會變得很難捲，所以要迅速進行。

充分乾燥
使用日式糕點用的球斷器切開後，零散地分開，置於常溫下合計2晚充分乾燥。若不充分乾燥，淋上糖衣乾燥時會從裡面滲出水分，糖衣溶化變得黏糊糊，就不能漂亮地結晶化。

A 杏仁軟糖塔皮
│ Pâte d'Amandes Fondante │

材料與作法

→ 參照第162頁。準備容易製作的份量。

B 開心果杏仁塔皮
│ Pâte d'Amandes à la Pistache │

材料（約60個的份量）

純糖粉……適量
杏仁軟糖塔皮（A）……250g
開心果糊……22.5g

作法

❶ 在揉麵板撒上純糖粉放上A，滾動擀麵棍弄平，在A的中央放上開心果糊。

❷ 使用刮板將A從外側往中央折疊，包住開心果糊。用手折疊揉和到色調變得均勻。中途適度地撒上純糖粉。

❸ 用濾茶網將純糖粉撒在②上面，再用擀麵棍延展成40×25cm。

C 「原味」杏仁塔皮
│ Pâte d'Amandes 《Nature》 │

材料（約60個的份量）

純糖粉……適量
杏仁軟糖塔皮（A）……250g
巧克力米……15g

作法

❶ 在揉麵板撒上純糖粉放上A，用擀麵棍延展成40×25cm。

❷ 在整體撒上巧克力米，滾動擀麵棍埋進A。

❸ ②縱向擺放，從內側與跟前分別將A的3分之1，折成3折。

❹ 用擀麵棍再次延展成40×25cm。

D 奶油榛果醬
│ Crème Gianduja │

材料（約60個的份量）

◎榛果醬……做好取250g
　杏仁（去皮）*1……500g
　細砂糖……500g
　可可脂*2……100g
牛奶巧克力
（嘉麗寶「823 Callets」／可可含量33.6%）……87g
橙皮甜酒（康彼樂「素米爾濃縮60°」）……適量
＊1 使用馬可納杏仁。
＊2 融解調整成約30℃。

作法

❶ 製作榛果醬。在烤盤上攤開杏仁，用上火、下火皆160℃的烤爐烘烤約20分鐘。烤好後完全冷卻。

❷ ①和細砂糖加在一起用滾輪碾壓。

❸ ②和可可脂倒入調理碗，用刮板從底部舀起來，從上面緊緊地擠壓攪拌。

❹ ③和牛奶巧克力倒入另一只調理碗，隔水加熱融解。

❺ ④冷卻到變成常溫，加入橙皮甜酒攪拌，調整成容易形成棒狀的硬度。

E 奶油杏仁糖
│ Crème Praliné │

材料（約60個的份量）

◎杏仁糖……做好取250g
　牛奶巧克力（嘉麗寶「823 Callets」／可可含量33.6%）……100g
　榛果杏仁糖（市售品）……500g
　杏仁果仁糖（市售品）……500g
牛奶巧克力（嘉麗寶「823 Callets」／可可含量33.6%）……87g
干邑橙酒……適量

作法

❶ 製作杏仁糖。牛奶巧克力倒入調理碗隔水加熱融解，加入榛果杏仁糖和杏仁果仁糖用橡膠刮刀攪拌。

❷ ①和牛奶巧克力倒入另一只調理碗隔水加熱，用橡膠刮刀攪拌融解。

❸ ②冷卻到變成常溫，加入干邑橙酒攪拌，調整成容易形成棒狀的硬度。

F 糖漿（浸泡用）
│ Sirop │

材料與作法

→ 參照第162頁。準備容易製作的份量。

成形、裝飾

材料（約60個的份量）
純糖粉……適量
橙皮甜酒（康彼樂「索米爾濃縮60°」）……適量

作法

❶ 製作「軟木塞・開心果」。D分成6等分，每份50g，放在撒了純糖粉的揉麵板上。分別用手滾動，變成長25cm的棒狀。
❷ B縱向放在撒了純糖粉的揉麵板上，①橫向放在離跟前邊緣約2mm內側。從B的跟前邊緣包住①捲一圈。
❸ 捲完的部分用尺貼住按壓，讓①和B貼緊。
❹ 在離捲完的部分約1.5cm內側用刷子塗上橙皮甜酒，繼續捲到這裡黏住。
❺ 用派皮滾刀切到黏住的部分。要用一片B將分成6等分的D全部捲起來，所以用擀麵棍適度地延展B，調整大小。
❻ 用手滾動⑤，調整成漂亮的圓柱狀。放進冰箱冷卻。
❼ ②～⑤的作業再重複5次。每一片B變成6捲。
❽ ⑦橫向放在揉麵板上，用菜刀縱向切成寬2.5cm。
❾ ⑧立起擺放，用雙手夾住讓①和B貼緊。
❿ 用手指調整切口的形狀。
⓫ ⑩空出間隔立起排在鋪了烘焙紙的烤盤上，置於常溫下乾燥一晚。
⓬ ⑪逐一翻過來，繼續置於常溫下乾燥一晚。
⓭ 倒入調理碗等容器，倒滿F將⑫完全蓋過，上面用保鮮膜貼緊，置於常溫下一晚。
⓮ 用漏勺舀起⑬，立起排在放了烤網的烤盤上，置於常溫下乾燥一晚。
⓯ ⑭逐一翻過來，繼續置於常溫下1～2晚，直到表面整體乾燥結晶化。
⓰ 製作「軟木塞・原味」。用C取代B，用E取代D，用干邑橙酒取代橙皮甜酒，進行和步驟①～⑮同樣的作業。迅速作業，以免揉進C的巧克力米融化。

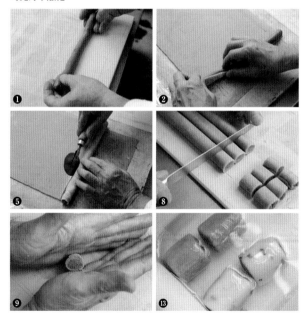

製法的重點

｜ 開心果杏仁塔皮 ｜

色調均勻

杏仁軟糖塔皮稍微弄平，在中央放上開心果糊，包好別讓開心果糊流出來。然後折疊，用手揉和，就能有效率地讓色調均勻。

｜ 原味杏仁塔皮 ｜

埋入巧克力米

杏仁軟糖塔皮用擀麵棍延展，撒上巧克力米，折成3折後延展，就不會裂開或融化，能夠把巧克力米封在杏仁軟糖塔皮裡面。

｜ 成形、裝飾 ｜

調整形狀

切成寬2.5cm後，切口朝上下擺放，兩手夾住側面，讓杏仁軟糖塔皮和裡面的奶油確實貼緊，同時調整形狀。用手指按壓切口弄平。

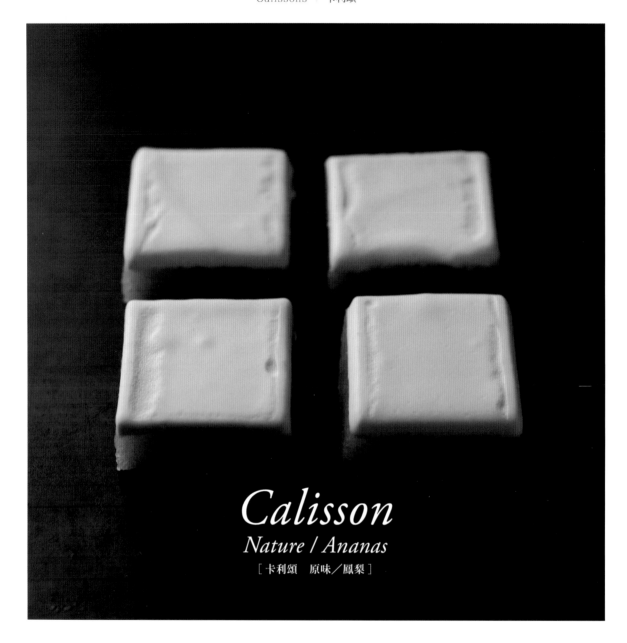

Calisson
Nature / Ananas
[卡利頌　原味／鳳梨]

　　這是位於南法的普羅旺斯艾克斯的鄉土點心，由南法特產杏仁，和同樣是特產的哈密瓜與橘皮的醃漬物摻和製作而成。傳統的形狀是舟形，但我考量作業效率而做成正方形。另外，我使用添加砂糖與哈密瓜果醬燉煮的南瓜，取代醃漬哈密瓜。這是友人尚‧馬爾克‧斯克里班特（Jean-Marc Scribante）先生在本店工作3個月時，他說：「既然是在日本製作，使用當地能輕易取得的農產品才自然」，於是我們一起思考改編。以能感受杏仁的濃郁香味、蜂蜜溫和甜味的卡利頌麵糊為基底，發展出4種類型。

除了介紹的「原味」與「鳳梨」，還有酸甜的「黑醋栗」（跟前左）和「杏桃」（跟前右），共計4種商品陣容。包衣也配合風味增添顏色與香氣。

Bonbons ┊ 糖果

Bonbon Feuilleté
Passion / Amande
［三角脆糖　百香果／杏仁］

上圖為折疊形成層次的糖果，包住百香果風味水果糖的「百香果」口味。下圖為杏仁榛果醬和糖果一起拉糖做出層次的「杏仁」口味。

「Bonbon」在法語中就是糖果。「三角脆糖」是榛果醬和水果糖加在一起，做成個性鮮明的鬆脆口感的糖果。這種獨特的口感，藉由折疊糖果形成層次而產生。「杏仁」口味是用糖果包住榛果醬，反覆拉成棒狀折3折，再用剪刀剪成稱為「粽子形」的變形三角錐形狀。另一方面，「百香果」口味是用折3折拉開的糖果，包住百香果風味的水果糖，然後用日式糕點用的球斷器切開。比起用舔的，更推薦咬碎食用。更能享受到鬆脆的口感喔！

卡利頌・原味／鳳梨
[Calisson Nature / Ananas]

A 卡利頌麵糊
[Pâte à Calisson]

材料（33×25×高1cm蛋糕框2個的份量，分成約160塊）
◎南瓜和哈密瓜的醃漬物⋯⋯做好取300g
　南瓜*1⋯⋯350g
　哈密瓜果醬⋯⋯100g
　細砂糖A⋯⋯350g
杏仁粉*2⋯⋯1.1kg
苦杏仁精⋯⋯6g
醃漬橘皮⋯⋯200g
細砂糖B⋯⋯600g
水⋯⋯175g
蜂蜜（薰衣草）*3⋯⋯180g
＊1 去除皮、瓤和籽。切成4～5cm丁塊。
＊2 生馬可納杏仁做成自製杏仁粉。
＊3 隔水加熱。

作法
❶ 製作南瓜和哈密瓜的醃漬物。南瓜倒入鍋中，倒滿水（額外份量）完全蓋過南瓜，用中火加熱，煮到南瓜變軟。
❷ ①撈到篩子裡，充分除去水分，倒回鍋內。
❸ 哈密瓜果醬和細砂糖A加進②用中火加熱，用漏勺攪拌到細砂糖溶解沸騰。
❹ 關火，直接靜置讓餘熱散去。移到調理盤上，放進冰箱靜置一晚。
❺ 分出300g的④，加入杏仁粉、苦杏仁精、醃漬橘皮攪拌，用滾輪碾壓。
❻ 細砂糖B和水倒入銅碗用大火加熱，用打蛋器一邊攪拌一邊熬煮到110℃。
❼ 蜂蜜加進⑥，用打蛋器一邊攪拌一邊熬煮到123℃。
❽ ⑤倒入攪拌碗，用攪拌器以低速攪拌。
❾ ⑦慢慢地加進⑧攪拌。

B 包衣
[Glaçage]

材料（33×25×高1cm蛋糕框2個的份量，分成約160塊）
純糖粉⋯⋯195g
蛋白⋯⋯45g
翻糖（市售品）⋯⋯135g
檸檬汁⋯⋯3.5g

作法
❶ 純糖粉和蛋白倒入攪拌碗，用攪拌器以低速攪拌到變得滑順。
❷ 翻糖用手搓圓，調整成和①同樣的硬度，分成3～4次加進①攪拌。
❸ 加進檸檬汁攪拌。
❹ 切換成中速，攪拌到稍微含有空氣，用攪拌器舀起時立起的角狀會慢慢地滴下的狀態。

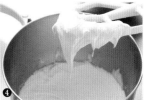

C 原味卡利頌
[Calisson Nature]

材料（33×25×高1cm蛋糕框1個的份量，分成約80塊）
卡利頌麵糊（ A ）⋯⋯1kg
哈密瓜利口酒⋯⋯適量

作法
❶ A 倒入攪拌碗，用攪拌器以低速攪拌。
❷ 加入哈密瓜利口酒攪拌。

D 鳳梨卡利頌
[Calisson Ananas]

材料（33×25×高1cm蛋糕框1個的份量，分成約80塊）
卡利頌麵糊（ A ）⋯⋯1kg
鳳梨香料（液體）⋯⋯50g
鳳梨利口酒⋯⋯適量

作法
❶ A 倒入攪拌碗，用攪拌器以低速攪拌。
❷ 鳳梨香料和鳳梨利口酒依序加入攪拌。

組合、裝飾

材料（33×25×高1cm蛋糕框1個的份量，分成約80塊）

◎原味卡利頌
　哈密瓜利口酒……適量
◎鳳梨卡利頌
　鳳梨香料（液體）……5g
　色素（黃色）……適量

作法

❶ 製作「原味卡利頌」。33×25×高1cm的蛋糕框放在鋪了烘焙紙的揉麵板上，倒入C用手攤開。

❷ 蓋上烘焙紙，從上面滾動擀麵棍把C攤平到蛋糕框的邊緣，並且將表面弄平。放進冷凍庫冷卻凝固。

❸ 180g的B倒入調理碗，加入哈密瓜利口酒用橡膠刮刀攪拌。

❹ 在②放上③，用L形抹刀塗上薄薄一層。

❺ 水果刀插入蛋糕框內側側面，將蛋糕框取下。

❻ ⑤縱向擺放，用菜刀縱向切成寬約6.25cm。這時菜刀浸在熱水裡（額外份量）加熱就會很好切。用急速冷凍機急速冷凍使表面冷卻凝固。

❼ ⑥縱向放在砧板上，用菜刀縱向切成寬約3.1cm。

❽ ⑦橫向擺放，縱向切成寬約3.2cm。

❾ ⑧空出間隔，用抹刀快速排在鋪了烘焙紙的烤盤上。

❿ 放進上火、下火皆150℃的烤爐約5分鐘，上面不用烤到變色，對中心烘烤。置於常溫下乾燥一晚。

⓫ ⑩逐一翻過來排在鋪了烘焙紙的另一個烤盤上，繼續置於常溫下乾燥一晚。

⓬ 製作「鳳梨卡利頌」。用D取代C，用鳳梨香料和色素取代哈密瓜利口酒，進行和步驟①～⑪同樣的作業。

製法的重點

{ 卡利頌麵糊 }

活用蜂蜜的風味

添加蜂蜜糖漿增加甜味。蜂蜜在水和細砂糖熬煮後再加入攪拌。一開始加入蜂蜜，熬煮後風味會散去，顏色也會變深。在此使用薰衣草蜂蜜。儘管有著琥珀色的淡淡色調、花香味、與強烈的甜味，餘味卻很清爽，所以對甜點的通用性極高，我十分中意。

{ 包衣 }

調配翻糖

添加翻糖就不易結晶化，裝飾後無論經過多久也幾乎不會有變化。不用急著作業，可以仔細地塗在卡利頌上面，追求美觀的成品。另外，在混合的純糖粉和蛋白中添加翻糖時，把翻糖搓成小圓變軟，分成3～4次添加，翻糖就會容易融合。

{ 裝飾 }

烘烤是為了殺菌

為了提高保存性，收尾時要烘烤殺菌。放進上火、下火皆150℃的烤爐約5分鐘，上面的包衣不用烤到變色，把中心烤熟。然後，置於常溫下合計2晚充分乾燥，保存期限就能有2週時間。如果馬上就要吃，只要放進高溫的烤箱將包衣烤乾即可。

三角脆糖
百香果／杏仁

[Bonbon Feuilleté Passion / Amande]

A 百香果
三角脆糖的拉糖
[Sucre Tiré pour le Bonbon Feuilleté au fruit de la Passion]

材料（容易製作的份量）

細砂糖……250g　　麥芽糖……65g
海藻糖……75g　　色素（黃色）……適量
酒石酸氫鉀……1g　　色素（紅色）……適量
水……115g

作法

❶ 色素以外的材料倒入銅鍋用大火加熱，熬煮到157℃。
❷ ①倒在鋪了烘焙紙的揉麵板上。這時，倒在拉糖燈的光（熱）比較沒有強烈照射的地方。戴上布製手套，上面再戴上橡膠製手套。
❸ 黃色與紅色色素滴在中央。
❹ ③連同烘焙紙從左右和跟前與內側折疊變成均勻的顏色。
❺ 用手揉成一團，滾成棒狀。
❻ 往左右拉開延展，折3折用雙手按壓揉成一團。
❼ 用擀麵棍延展成20×10cm。

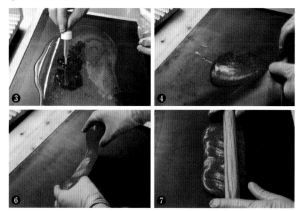

B 百香果水果糖
[Pâte de Fruit au fruit de la Passion]

材料（容易製作的份量）

百香果果醬……500g
細砂糖A*¹……60g　　　　　細砂糖B*²……500g
果膠*¹……20g　　　　　麥芽糖*²……140g
＊1、2 分別加在一起。　　檸檬酸（粉末）……15g

作法

→ 參照第164頁「杏桃水果糖」。但是，使用百香果果醬取代杏桃果醬和百香果果醬，並且使用檸檬酸粉末。另外，在此不添加海藻糖，熬煮到糖度78%。做好取約300g使用。

C 杏仁
三角脆糖的拉糖
[Sucre Tiré pour le Bonbon Feuilleté à l'Amande]

材料（容易製作的份量）

細砂糖……250g　　麥芽糖……65g
海藻糖……75g　　色素（黃色）……適量
酒石酸氫鉀……1g　　色素（紅色）……適量
水……115g

作法

❶ 色素以外的材料倒入銅鍋用大火加熱，熬煮到157℃。
❷ 在拉糖燈下面擺放鋪了烘焙紙的揉麵板，將①分成2等分倒入。這時，倒在拉糖燈的光（熱）比較沒有強烈照射的地方。戴上布製手套，上面再戴上橡膠製手套。
❸ 一邊用黃色色素，另一邊用紅色色素分別滴在中央。
❹ ③連同烘焙紙從左右和跟前與內側折疊揉成彈珠狀。
❺ 分別用手揉成一團，滾成棒狀。
❻ 2根重疊，用手按壓黏在一起。
❼ 因為會慢慢地凝固，所以要移動到拉糖燈的光（熱）強烈照射的地方，用手滾動合成1根棒狀。

D 榛果巧克力
[Gianduja]

材料（32×22.5×高4cm蛋糕框1個的份量）

杏仁（去皮）*¹……1kg
細砂糖……200g
可可脂*²……120g
＊1 使用馬可納杏仁。
＊2 融解調整成約30℃。

作法

❶ 杏仁在烤盤上攤開，用上火、下火皆160℃的烤爐烘烤約20分鐘。烤好後完全冷卻。
❷ ①和細砂糖加在一起用滾輪碾壓。
❸ ②和可可脂倒入調理碗，用刮板從底部舀起來，從上面緊緊地按壓攪拌。
❹ 1個32×22.5×高4cm的蛋糕框放在鋪了烘焙紙的揉麵板上，倒入③。用刮板和手在整體攤開，從上面緊緊地按壓弄平。用急速冷凍機急速冷凍。
❺ ④翻過來揭下烘焙紙，將蛋糕框取下，放進冰箱冷藏到容易切開的硬度。
❻ 把⑤切成10等分（各11×6.4cm），其中一個放在拉糖燈下面加熱。

成形、裝飾1

作法

❶ 製作「百香果三角脆糖」。B倒入調理碗等容器，用微波爐融解，再用橡膠刮刀攪拌到變得滑順。

❷ 戴上布製手套，上面再戴上橡膠製手套。將A放在拉糖燈的熱強烈照射的地方，把①放在中央。

❸ A從跟前和內側拉開包住①。

❹ 用手滾成棒狀。

❺ 用手拉開④，滾成直徑約1.5cm的細繩狀。中途用剪刀剪成容易作業的長度，滾動調整粗細。

❻ 用日式糕點用的球斷器切成1.5×1.5cm。凝固後從球斷器取下，放在烤盤上。

❼ 完全凝固後，用手拆散。

成形、裝飾2

作法

❶ 製作「杏仁三角脆糖」。戴上布製手套，上面再戴上橡膠製手套，將C放在拉糖燈的熱強烈照射的地方，用刮刀切下4分之3的份量。C剩下的4分之1份量揉成一團。

❷ 用手拍打4分之3份量的C，攤開成比11×6.4cm大一圈的尺寸。

❸ 在②的中央放上一個切成11×6.4cm的D，將②從四邊拉開延展包住D。

❹ ③橫向擺放，從左右拉開延展成20～25cm。從左右折疊折3折，用雙手按壓揉成一團。

❺ ④橫向擺放，從左右拉開延展成25～30cm。從左右折疊折3折，用雙手按壓揉成一團。這個作業再重複1次。

❻ 將⑤變成20×10cm。

❼ 用手拍打在①切開的4分之1份量的C，攤開成比20×10cm大一圈的尺寸。

❽ ⑥放在⑦的中央，將⑦從四邊拉開延展包住⑥。

❾ 用手按壓讓接縫確實黏緊，滾成棒狀。

❿ 用手拉開⑨，滾成直徑約1.5cm的細繩狀。中途用剪刀剪成容易作業的長度，滾動調整粗細。

⓫ 用剪刀剪成長1～1.5cm。這時，每次剪的時候切口旋轉90℃，就能剪成變形的三角錐形狀。

製法的重點

{ 百香果水果糖 }

做成硬一點

為了與拉糖的硬度取得平衡，糖度必須是78%，做成硬一點的口感。熬煮時不斷地用打蛋器攪拌，注意不要燒焦。

{ 百香果三角脆糖 }

活用日式糕點用的球斷器

用剪刀剪開後，放進中心的水果糖會掉出來，但要是使用日式糕點用的球斷器，就能切得很漂亮。另外，也可以一次切開，所以很有效率。

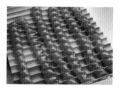

{ 榛果巧克力 }

注意可可脂的溫度

製作榛果巧克力時，可可脂調整成約30℃。用滾輪碾壓的杏仁和細砂糖混合時，如果可可脂的溫度太低就不易混合；若是溫度太高，攪拌凝固後可可脂的油脂會浮到表面上。

用拉糖包住前要烘烤

如果榛果巧克力太冰涼，用拉糖包住時拉糖會變涼凝固。因為使用可可脂，即使烘烤也能保持形狀，所以用拉糖包住前要放在拉糖燈下面烘烤。

Fondant Candy
Melon / Fraise
[五彩翻糖　哈密瓜／草莓]

　　「五彩翻糖」的特色是有磨砂玻璃般的質感和柔和的色調，是糖漿和翻糖加在一起製作的簡單糖果。爽脆的獨特口感也很有魅力。製作過程要讓糖漿結晶化，為此糖漿得冷卻乾燥，相當費事。不過，如果在糖漿加進翻糖，只要攪拌整體就會快速結晶化，也能表現暗淡的感覺。但是，結晶化進行的速度很快，容易凝固，所以迅速作業非常重要。我用濃縮果汁、香料和色素添加風味與顏色，做成想像各種風味的形式，發展出不同的變化。

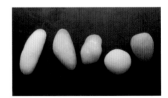

店裡提供5種五彩翻糖，每袋分別裝進1種成套販售。由左至右為「香蕉」、「橘子」、「藍莓」、「哈密瓜」、「草莓」口味。每種皆使用手作的壓模。

Bonbons ┊ 糖果

Bonbon Pectine
Fraise/Pomme Verte

［QQ 水果軟糖　草莓／青蘋果］

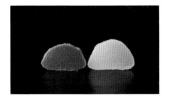

左邊是「草莓」口味，右邊是「青蘋果」口味。在表面撒滿細砂糖，一邊加強甜味一邊在口感上增加強調重點。此外，還準備了「橘子」、「檸檬」、「黑醋栗」口味。

可說是QQ糖的原型，有彈力的糖果。使用大量水果果醬和果汁，表現豐富的果實味。現在的QQ糖一般都是機器製造，正因如此我才想要手作，我向法國的糕點師朋友請教食譜，然後製成商品。一般而言，除了水果果醬、果汁、砂糖和色素等，還要調配果膠，不過我使用明膠取代果膠。如果使用明膠，就能呈現出柔軟、光滑的口感，我認為十分符合日本人的喜好。另外，比起在常溫下容易凝固的果膠，因為不易凝固容易處理，所以也提升了作業性。

五彩翻糖・哈密瓜／草莓
[Fondant Candy Melon / Fraise]

A 哈密瓜五彩翻糖
[Fondant Candy Melon]

材料（約260個的份量）

細砂糖……500g
水……150g
麥芽糖……90g
翻糖（市售品）……200g
哈密瓜香料（液體）……10g
薄荷香料（液體）……4g
色素（綠色）……適量

作法

❶ 在製作Ａ的作業前先準備模具（第181頁的步驟①～②）。細砂糖、水、麥芽糖倒入鍋中用大火加熱，熬煮到117℃。

❷ 和①熬煮細砂糖的作業同時進行，翻糖倒入調理碗，隔水加熱用橡膠刮刀一邊攪拌一邊加熱。

❸ 2種香料、色素依序加進②，每次都充分攪拌。

❹ ①變成117℃後離火，加入③用打蛋器攪拌。砂糖會從與鍋子側面接觸的部分逐漸結晶化發白，變得粗澀。整體變得粗澀後便攪拌結束。

B 草莓五彩翻糖
[Fondant Candy Fraise]

材料（約260個的份量）

細砂糖……500g
水……150g
麥芽糖……90g
翻糖（市售品）……200g
草莓濃縮果汁（天狼星「Gourmandise Fraise」）……10g
色素（紅色）……適量

作法

❶ 和Ａ以相同方式製作。但是，用草莓濃縮果汁取代2種香料，色素則使用紅色色素。

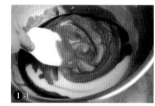

準備模具、裝飾

材料（約260個的份量）
玉米澱粉＊……適量
純糖粉＊……適量
＊加在一起過篩。

作法
❶ 準備模具。內部尺寸57×47×高3cm的木製方型盒放在烤盤上，加在一起過篩的玉米澱粉和純糖粉倒滿到邊緣處。用尺將上面弄平。
❷ 按壓直徑約1.5cm半球狀模具的凸面，每一個木製方型盒做出約130個凹處。
❸ 製作「哈密瓜五彩翻糖」。Ａ倒入成型機，在②的凹處倒到一半的高度。中途成型機裡的Ａ凝固後，在成型機側面用噴槍貼著融解。
❹ 加在一起過篩的玉米澱粉和純糖粉一邊過篩一邊撒滿覆蓋在③的上面，用刮板將表面刮平。直接靜置一會兒凝固。
❺ 用刮板舀起④，過篩將多餘的玉米澱粉和純糖粉撢落。
❻ 製作「草莓五彩翻糖」。用Ｂ取代Ａ，進行和步驟③～⑤同樣的作業。

製法的重點

{ 五彩翻糖 }

呈現出磨砂玻璃般的色調

調配翻糖製作糖果時，隨著快速結晶化，也能呈現出磨砂玻璃般半透明的質感。但是，因為容易凝固，所以要迅速作業。用成型機倒到模具時也會漸漸凝固，凝固後就用噴槍貼著成型機側面融解吧。

藉由薄荷的香味表現清爽

添加薄荷的香料後，可以呈現清爽感。這次，草莓五彩翻糖為了表現出草莓的風味，而沒有調配薄荷的香料，不過添加後會讓草莓的甜味加上清爽的香氣，能表現出不一樣的美味。

QQ水果軟糖・草莓／青蘋果
[Bonbon Pectine Fraise / Pomme Verte]

A 草莓QQ水果軟糖
[Bonbon Pectine Fraise]

材料（約280個的份量）
草莓果醬……100g
蘋果汁……50g
水……25g
草莓濃縮果汁（天狼星「Gourmandise Fraise」）……25g
明膠顆粒（新田明膠「明膠21」）*……38g
細砂糖A*……38g
麥芽糖……200g
細砂糖B……170g
檸檬酸（液體）……7.5g
*加在一起。

作法
❶ 在製作 A 的作業前先準備模具（第183頁的步驟①～②）。草莓果醬、蘋果汁、水、草莓濃縮果汁倒入銅碗，用小火加熱。
❷ 加在一起的明膠顆粒與細砂糖A加進①的草莓果醬，用打蛋器攪拌到明膠顆粒溶解。
❸ 加入麥芽糖攪拌。
❹ 細砂糖B分成3次加入攪拌。
❺ 改拿刮刀，一邊用刮刀從銅碗底部翻過來攪拌，一邊熬煮到糖度71～72%，不要燒焦。
❻ 離火，加入檸檬酸攪拌。

B 青蘋果QQ水果軟糖
[Bonbon Pectine Pomme Verte]

材料（約280個的份量）
青蘋果果醬……125g
蘋果汁……50g
檸檬汁……25g
明膠顆粒（新田明膠「明膠21」）*……38g
細砂糖A*……38g
麥芽糖……200g
細砂糖B……170g
色素（綠色）……適量
檸檬酸（液體）……7.5g
*加在一起。

作法
❶ 在製作 B 的作業前先準備模具（第183頁的步驟①～②）。青蘋果果醬、蘋果汁、檸檬汁倒入銅碗，用小火加熱。
❷ 加在一起的明膠顆粒與細砂糖A加進①，用打蛋器攪拌到明膠顆粒溶解。
❸ 加入麥芽糖攪拌。
❹ 細砂糖B分成3次加入攪拌。
❺ 加入色素攪拌。
❻ 改拿刮刀，一邊用刮刀從銅碗底部翻過來攪拌，一邊熬煮到糖度71～72%，不要燒焦。
❼ 離火，加入檸檬酸攪拌。

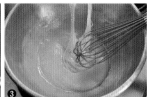
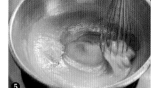

準備模具、裝飾

材料（約280個的份量）
玉米澱粉＊……適量
純糖粉＊……適量
細砂糖……適量
＊加在一起過篩。

作法

❶ 準備模具。加在一起過篩的玉米澱粉和純糖粉倒進60×40cm的烤盤裡，倒滿到邊緣處。用尺將上面弄平。

❷ 按壓直徑約1.5cm半球狀模具的凸面，每一個烤盤做出約280個凹處。

❸ 製作「草莓QQ水果軟糖」。Ⓐ倒入成型機，倒滿到②凹處的高度。

❹ 加在一起過篩的玉米澱粉和純糖粉一邊過篩一邊撒滿覆蓋在③的上面。放進冰箱冷卻凝固。

❺ 用刮板舀起④，過篩將多餘的玉米澱粉和純糖粉撣落。

❻ 用水沾濕擰乾的抹布攤在工作檯上，放上⑤，從上面蓋上用水沾濕擰乾的抹布，用手按壓去除多餘的玉米澱粉和糖粉。

❼ 細砂糖倒入調理碗，加入⑥將細砂糖撒滿整體。

❽ 烘焙紙鋪在工作檯上，在上面將⑦過篩撣落多餘的細砂糖。

❾ 製作「青蘋果QQ水果軟糖」。用Ⓑ取代Ⓐ，進行和步驟③～⑧同樣的作業。

製法的重點

{ QQ水果軟糖・草莓／青蘋果 }

使用不必浸泡的明膠顆粒

雖然一般在法國是調配果膠，不過若是40℃以上的液體，我會使用不必浸泡，直接添加就能溶解的特殊明膠顆粒。因為不用事先用水浸泡，作業時也不易凝固，所以能提升作業性。另外，使用果膠會變成有彈力的口感，不過添加明膠能呈現出柔軟的口感。入口即化也很有魅力。

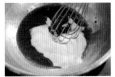

糖度為71～72%

如果熬煮到糖度71～72%以上，就會變成較硬的口感。另外在離火之前，攪拌時盡量別讓空氣跑進去。要是跑進多餘的空氣，口感就會變差。

整體弄濕後撒滿細砂糖

收尾要撒滿細砂糖之時，在撒上前拿用水沾濕擰乾的抹布包住整體弄濕。這麼一來，細砂糖就能均勻地撒滿。

Bijoux

［珠寶］

　　如果在軟糖淋上糖衣，我覺得或許口感會變得很有意思，於是設計出這款糖果。我用包衣塗層，取代在「QQ水果軟糖」（第179頁）撒滿細砂糖。充分乾燥，表現酥脆的口感。和QQ水果軟糖柔軟口感的對比也很有魅力。塗層時使用淋糖衣專用的旋轉調理碗，讓糖衣厚度均勻。和調配海藻糖的包衣一起加入海藻糖粉末。海藻糖的吸濕性很低，比砂糖的甜味更清爽，所以能長時間維持酥脆的口感，即使糖衣較厚也能呈現出適度的甜味。

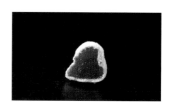

塗層是淋上包衣和細粉型海藻糖然後乾燥，重複10次這個作業，薄層重疊呈現厚度。我把它想像成寶石，於是用寶石的法文取作商品名稱。

Bonbons ｜ 糖果

Bonbon Crystal
Saumur / Fraise / Menthe / Abricot
［水晶糖　索米爾／草莓／薄荷／杏桃］

店裡準備4種口味。由左至右為，添加橙皮甜酒的「索米爾」、加了杏桃和百香果利口酒的「杏桃」、清爽風味的「薄荷」、草莓風味的「草莓」。

　　最初的構想是有著美麗透明感的日式糕點琥珀糖。表面爽脆的口感和寒天有彈力的口感對比很有意思，是我最愛的一款日式糕點。煮過溶解的寒天加上砂糖和麥芽糖凝固，然後乾燥，根據日式糕點這樣的製法，添加果汁或利口酒等，做成色彩鮮豔的法式糖果。表面充分乾燥後會變成像是有一層膜的獨特質感，不過添加酒類的時機是做出膜的重點。熬煮寒天與糖類提高糖度後，再添加利口酒等酒類降低糖度，乾燥時表面就容易均勻地結晶化。

珠寶
[Bijoux]

A 黑醋栗QQ水果軟糖
[Bonbon Pectine Cassis]

材料（約280個的份量）
黑醋栗果醬……150g
蘋果汁……50g
明膠顆粒（新田明膠「明膠21」）*……38g
細砂糖A*……38g
麥芽糖……200g
細砂糖B……170g
檸檬酸（液體）……7.5g
＊加在一起。

作法
❶ 在製作 A 的作業前先準備模具（第183頁的「QQ水果軟糖・草莓／青蘋果」的「準備模具、裝飾」步驟①～②）。黑醋栗果醬、蘋果汁倒入銅碗，用小火加熱。
❷ 加在一起的明膠顆粒與細砂糖A加進①的黑醋栗果醬，用打蛋器攪拌到明膠顆粒溶解。
❸ 加入麥芽糖攪拌。
❹ 細砂糖B分成3次加入攪拌。
❺ 改拿刮刀，一邊用刮刀從銅碗底部翻過來攪拌，一邊熬煮到糖度71～72%，不要燒焦。
❻ 離火，加入檸檬酸攪拌。

B 包衣
[Glaçage]

材料（容易製作的份量）
海藻糖（林原「TREHA」）……269g
水……156g
增黏安定劑（阿拉伯膠）……15g
麥芽糖……60g

作法
❶ 海藻糖、水、增黏安定劑、麥芽糖倒入鍋中用中火加熱，用打蛋器一邊攪拌一邊煮到沸騰。
❷ 沸騰後靜置一會兒離火，鍋底隔著冰水一邊攪拌一邊冷卻。

準備模具、裝飾

材料（約280個的份量）
玉米澱粉*……適量
純糖粉*……適量
細砂糖……適量
海藻糖（林原「TREHA細粉」）……約100g
＊加在一起過篩。

作法
❶ 進行和第183頁的「QQ水果軟糖・草莓／青蘋果」的「準備模具、裝飾」步驟①～⑥同樣的作業。
❷ 變成半球狀的 A 倒入淋糖衣專用的調理碗，以低速攪拌。
❸ 15～20g的 B （勺子約3分之1的份量）和海藻糖約10g依序倒入②，用木刮刀輕輕攪拌。用吹風機的冷風吹乾。這個作業進行約4分鐘。合計重複10次。
❹ 用木刮刀舀起③，在鋪了烘焙紙的烤盤上攤開。

製法的重點

｛ 珠寶 ｝

改編QQ水果軟糖

若是40℃以上的液體，我會使用不必浸泡，直接添加就能溶解的特殊明膠顆粒取代果膠，並且用包衣淋上糖衣取代細砂糖，改編入口即化的QQ水果軟糖。外頭酥脆，裡面柔軟，口感上的對比極具魅力。

｛ 包衣 ｝

使用海藻糖

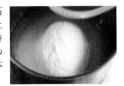

不是撒滿砂糖，而是用能表現清爽高級甜味的海藻糖衣在QQ水果軟糖上塗層。海藻糖不易受潮，所以能長時間保持酥脆的口感。另外，它沒有砂糖那麼甜，所以即使厚厚地塗層也不會太甜。

水晶糖・索米爾／
草莓／薄荷／杏桃
[Bonbon Crystal Saumur / Fraise / Menthe / Abricot]

A 索米爾水晶糖
[Bonbon Crystal Saumur]

材料（約25×18×高4cm調理盤1個的份量，分成約108顆）
水……375g
寒天粉（伊那食品工業「大和」）……6.5g
粗糖……700g
橙皮甜酒（康彼樂「索米爾濃縮60°」）……150g

作法
❶ 水和寒天粉倒入銅碗用中火～大火加熱，用打蛋器攪拌到寒天粉溶解。
❷ 粗糖分成3次加入攪拌。
❸ 改拿橡膠刮刀，一邊用橡膠刮刀從銅碗底部翻過來攪拌，一邊熬煮到糖度73%，不要燒焦。
❹ 添加橙皮甜酒，用橡膠刮刀一邊攪拌一邊熬煮到糖度71%。

B 草莓水晶糖
[Bonbon Crystal Fraise]

材料（約25×18×高4cm調理盤1個的份量，分成約108顆）
水……375g
寒天粉（伊那食品工業「大和」）……6.5g
粗糖……700g
草莓利口酒（天狼星「Alsace Fraise」）……125g
草莓濃縮果汁（天狼星「Gourmandise Fraise」）……25g

作法
和 A 以相同方式製作。但是，使用草莓利口酒和草莓濃縮果汁取代橙皮甜酒。

C 薄荷水晶糖
[Bonbon Crystal Menthe]

材料（約25×18×高4cm調理盤1個的份量，分成約108顆）
水……375g
寒天粉（伊那食品工業「大和」）……6.5g
粗糖……700g
色素（綠色）……適量
薄荷利口酒（天狼星「Alsace mint」）……150g

作法
❶ 水和寒天粉倒入銅碗用中火～大火加熱，用打蛋器攪拌到寒天粉溶解。
❷ 粗糖分成3次加入攪拌。
❸ 加入色素攪拌。
❹ 改拿橡膠刮刀，一邊用橡膠刮刀從銅碗底部翻過來攪拌，一邊熬煮到糖度73%，不要燒焦。
❺ 添加薄荷利口酒，用橡膠刮刀一邊攪拌一邊熬煮到糖度71%。

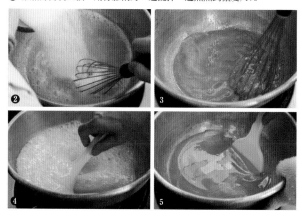

D 杏桃水晶糖
[Bonbon Crystal Abricot]

材料（約25×18×高4cm調理盤1個的份量，分成約108顆）
水……375g
寒天粉（伊那食品工業「大和」）……6.5g
粗糖……700g
色素（紅色）……適量
色素（黃色）……適量
杏桃利口酒（天狼星「Alsace Abricot」）……75g
百香果利口酒（Divisa「Kingston passion」）……75g

作法
和 C 以相同方式製作。但是，使用紅色和黃色色素取代綠色色素，利口酒的部分則使用杏桃和百香果取代薄荷。

裝飾

作法

❶ 製作「索米爾水晶糖」。在約25×18×高4cm的調理盤內側貼上保鮮膜，把Ⓐ倒到高2cm。

❷ 廚房紙巾放在表面上，立刻撈起來去除浮在表面的氣泡。直接靜置一會兒讓餘熱散去，放進冰箱靜置一晚。

❸ ②翻過來放在揉麵板上，取下調理盤，揭下保鮮膜。

❹ 用菜刀切成2×2cm。

❺ 空出間隔排在鋪了烘焙紙的烤盤上。直接置於常溫下2～3天，直到表面結晶化。

❻ 接觸空氣的表面結晶化之後就翻過來，直接置於常溫下2～3天，繼續讓表面結晶化。

❼ 製作「草莓水晶糖」、「薄荷水晶糖」、「杏桃水晶糖」。分別用Ⓑ或Ⓒ或Ⓓ取代Ⓐ，進行和步驟①～⑥同樣的作業。

製法的重點

{ 水晶糖 }

寒天粉充分溶解

水和寒天粉加在一起加熱時，一邊用打蛋器攪拌，一邊將寒天粉充分攪拌溶解到出現黏性。如果在這個階段寒天粉沒有充分溶解，之後就會變得不易凝固。

裝飾爽脆的口感

熬煮時，糖度變成73％之後，就添加酒類降到糖度71％。糖度一度上升再下降，乾燥時表面會更容易均勻地結晶化，能產生爽脆的獨特口感。

Bonbon Vichy

[維希糖]

以溫泉保養地而聞名的法國中部城鎮維希，同時也是知名的優質礦泉水產地。「Pastille」這種薄荷片是使用從礦泉水和溫泉水中取得的鹽所製成，在法國是經典的零食。我在巴黎修業的時期，街角的香菸鋪也有販售，可以輕鬆咯吱咯吱地嚼到清爽的薄荷風味，這點我很喜歡，因而經常購買。「維希糖」正是重現了我回憶中的滋味。我記得在巴黎吃到的是圓形，不過考慮作業性所以改編成正方形。充滿倏地穿過鼻腔的清涼感，這種滋味與咯吱、輕輕散開的口感極具魅力。

在法國一般是圓形或六角形，我改編成四角形並加上線條。厚度約5mm，也比當地的還要薄，在口感上添加幾分細膩。並且撒滿純糖粉增強甜味。

Bonbons ｜ 糖果

Pastille Rocher

［綠薄荷岩片］

為了呈現薄荷的清涼感，染成令人聯想到薄荷的綠色。因為含有空氣會發白，所以要染上深一點的顏色。外觀凹凸不平，口感脆脆的，是個性十足的一款零食。

　　這款原創糖果是想像小時候吃的薄荷糖。「Pastille」在法語的意思是糖錠，「Rocher」則是岩石的意思。薄荷很清爽的「維希糖」（第190頁）在法國也稱為Pastille，特色是圓形與六角形錠劑般的設計。「綠薄荷岩片」和維希糖同樣表現出薄荷芳香充滿清涼感的滋味，另一方面，有著凹凸不平的外觀。水、砂糖和色素加熱到117℃，添加薄荷香料後，用打蛋器快速攪拌含有空氣並且結晶化。能品嚐到與維希糖不同的脆脆的口感。

維希糖
[Bonbon Vichy]

 A 維希糖
[Bonbon Vichy]

材料（容易製作的份量）

純糖粉A……125g
玉米澱粉……15g
明膠粉＊……2.5g
水＊……15g
氯化鈉汽水……25g
檸檬酸（粉末）……0.5g
薄荷香料（液體）……12.5滴
純糖粉B……240g
＊加在一起用微波爐加熱，變成液狀。

作法

❶ 純糖粉B以外的材料倒入攪拌碗，用攪拌器以低速攪拌到變得滑順。
❷ 加入純糖粉B，攪拌至粉末消失，合在一起。

材料（容易製作的份量）

純糖粉……適量

作法

❶ 用濾茶網將純糖粉均勻地大量撒在揉麵板上。
❷ A放在①上面，一邊抹滿周圍的純糖粉，一邊用手折疊緊緊地按壓，揉和到滑順均勻。
❸ 不時用濾茶網適度地撒上純糖粉，並且用擀麵棍延展成厚7～8mm。
❹ ③捲在擀麵棍上，再次用濾茶網將純糖粉大量撒在揉麵板上。攤開③，從上面也同樣撒上大量純糖粉。
❺ 高5mm的木條縱向放在左右，滾動擀麵棍延展成厚5mm。
❻ ⑤捲在擀麵棍上，再次同樣將純糖粉大量撒在揉麵板上。攤開⑤。
❼ 用有線條的裝飾用擀麵棍從上面滾動。
❽ 兩端用菜刀切下，再切成2.5×2.5cm。
❾ 用濾茶網將純糖粉大量撒在鋪了烘焙紙的烤盤上，排上⑧。直接靜置乾燥一晚。

綠薄荷岩片
[Pastille Rocher]

A 綠薄荷岩片
[Pastille Rocher]

材料（容易製作的份量）

水……125g
色素（綠色）……適量
細砂糖……250g
薄荷香料（液體）……適量

作法

❶ 水和色素倒入調理碗中，用橡膠刮刀攪拌。
❷ ①移至鍋中，加入細砂糖用大火加熱，熬煮到117℃。
❸ 變成117℃後就離火，添加香料用打蛋器攪拌。
❹ 攪拌到含有空氣，直到溶解的砂糖再次結晶化。砂糖會從與鍋內緣接觸的部分逐漸結晶化發白，留下用打蛋器攪拌的痕跡，從鍋內緣撲簌簌地分離。
❺ ④移到鋪了烘焙紙的揉麵板上，置於常溫下一會兒讓餘熱散去。
❻ ⑤移到揉麵板上，用菜刀切得粗一些。

製法的重點

{ 維希糖 }

純糖粉分成2次加入攪拌

大量的純糖粉和其他材料加在一起時，容易形成結塊。因此純糖粉約3分之1的份量先和其他材料加在一起溶解，然後剩下的再加進去攪拌。如此一來便不易形成結塊，也變得容易合在一起。

撒滿純糖粉的手粉

因為是純糖粉調配較多，容易黏住的麵團，所以用手揉和時，或是用擀麵棍延展時，揉麵板和麵團都要撒滿純糖粉。

{ 綠薄荷岩片 }

染上深一點的顏色

考慮到攪拌時會充滿空氣發白，色素要多加一點。

熬煮到容易再次結晶化的溫度

用水、細砂糖和色素製作的糖漿，熬煮到117℃之後，糖分便容易再次結晶化。鋁製鍋子比不鏽鋼鍋子更容易結晶化，所以推薦使用鋁製鍋子。

在烘焙紙上讓餘熱散去

用打蛋器攪拌到含有空氣後，移到鋪了烘焙紙的揉麵板上讓餘熱散去。如果不鋪烘焙紙，就會黏在揉麵板上，成品既不好看，也會出現損耗。

Nougat Blanc

[白色牛軋糖]

牛軋糖大致區分為2種：使用蛋白的白色牛軋糖，和使用熬煮成焦糖色的糖液的褐色牛軋糖。最有名的白色牛軋糖是，法國東南部蒙特利馬地區的鄉土點心「蒙特利馬牛軋糖」。不過，想要冠上這個名字，堅果與蜂蜜的份量都必須達到規定的嚴格標準。我調配成自認為可口的牛軋糖，無關這套標準，所以商品名稱簡單地命名為「Nougat Blanc」，意思是白色牛軋糖。3種酥脆的芳香堅果，被有著豐富薰衣草蜂蜜香味的濕潤牛軋糖麵團包住，越嚼越有滋味。

鮮紅的糖漬櫻桃和醃漬橘皮，正是味道與外觀上的強調重點。店裡的商品陣容還有咖啡風味的「咖啡牛軋糖」和巧克力風味的「巧克力牛軋糖」。

Nougats ｜ 牛軋糖

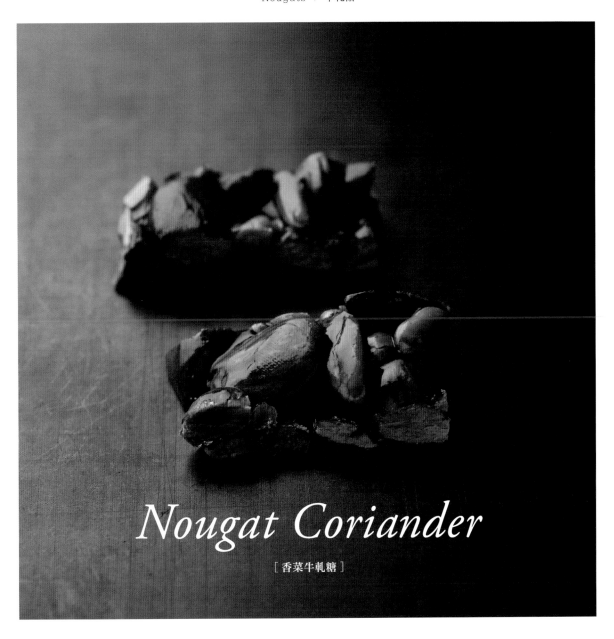

Nougat Coriander

［香菜牛軋糖］

只由糖的部分構成會硬到咬不動，所
以讓堅果沾滿糖的時候，注意堅果要
均勻地分布在糖裡面。有光澤的外觀
也很有魅力。

　糖漿熬煮到變成焦糖色的糖，在杏仁等堅果上面沾滿凝固的褐色牛
軋糖，稱為「Nougat Brun」。「香菜牛軋糖」正是其中一種，堅果相
對於糖的份量較多，特色是添加香菜的香味。這是在古典食譜中找到
的糖果。我記得在古典食譜中，堅果類是使用杏仁和榛果，我把榛果
換成開心果，在增添色彩的同時，也增加和烤過的杏仁不一樣的柔軟
口感，讓口感呈現變化。我使用稍微弄碎的香菜籽，能充分感受到異
國香味。

白色牛軋糖
[Nougat Blanc]

A 白色牛軋糖
[Nougat Blanc]

材料（約32×22.5×高4cm蛋糕框2個的份量，分成約150顆）
糖漬櫻桃*[1]……150g
醃漬橘皮（市售品）*[2]……150g
水……200g
細砂糖A……625g
麥芽糖……200g
蜂蜜（薰衣草）……500g
香草莢*[3]……1/4條
蛋白……120g
細砂糖B……24g
杏仁（去皮）*[4]……500g
榛果（去皮）*[4]……250g
開心果*[5]……100g

*1 分成8等分。　　*2 切成5mm丁塊。
*3 從香草莢中取出香草籽，僅使用香草籽的部分。
*4 用上火、下火皆160℃的烤爐烘烤約20分鐘。　　*5 剖成兩半。

作法
❶ 糖漬櫻桃和醃漬橘皮倒入篩子，用水沖洗附在表面的糖漿。除去水分攤在鋪了保鮮膜的烤盤上，置於常溫下乾燥一晚。
❷ 在製作 A 的作業前先準備模具（右邊的步驟①～②）。水、細砂糖A、麥芽糖倒入鍋中用大火加熱，熬煮到140℃。
❸ 蜂蜜倒入調理碗，加入香草莢泡水加熱，加熱到變成清爽的液體狀。
❹ ②變成140℃之後就加入③，熬煮到142℃。
❺ 和④的作業同時進行，蛋白和細砂糖B倒入攪拌碗，以高速開始打發。
❻ ⑤發白變得輕柔後，切換成中速。
❼ ④沿著攪拌碗內側側面一邊倒入⑥，一邊以中速持續攪拌。
❽ 杏仁和榛果攤在鋪了烘焙紙的烤盤上，放進上火、下火皆160℃的烤爐烘烤4～5分鐘。
❾ 開心果、①的糖漬櫻桃和醃漬橘皮加進⑧，用手大略攪拌。
❿ ⑦變成打蛋器的痕跡會確實留下後，藉由以下的要領確認硬度。用叉子舀起少量，放進冰水數秒讓餘熱散去，用手指勾起會變成球體即可。
⓫ 趁著⑩還熱加入⑨，用木刮刀攪拌均勻。

準備模具、組合、裝飾

材料（約32×22.5×高4cm蛋糕框2個的份量，分成約150顆）
威化餅（32×22.5×厚2～3mm）……4片
純糖粉……適量

作法
❶ 準備模具。在2個32×22.5×高4cm的蛋糕框內側側面，用刷子塗上奶油（額外份量），撒上玉米澱粉（額外份量）。排在揉麵板上。
❷ 威化餅逐一放入①。
❸ 分別將一半（約1.4kg）的 A 倒入②。
❹ 用濾茶網撒滿純糖粉。用手把 A 攤平到蛋糕框的角落。
❺ 威化餅逐一放在④上面，用揉麵板輕輕按壓貼緊。用急速冷凍機急速冷凍。
❻ ⑤變冷凝固後將蛋糕框取下，直接置於常溫下一晚。
❼ ⑥橫向放在砧板上，用波刃麵包刀縱向切成寬6cm。
❽ ⑦橫向擺放，縱向切成寬約1.5cm。

香菜牛軋糖
[Nougat Coriander]

A 香菜牛軋糖
[Nougat Coriander]

材料（33×25×高1cm蛋糕框1個的份量，分成約72顆）

香菜籽（整個）……5g
開心果……100g
杏仁（帶皮）*……550g
細砂糖……300g
麥芽糖……230g
＊用上火、下火皆160℃的烤爐烘烤約20分鐘。

作法

❶ 香菜籽裝進塑膠袋，用擀麵棍敲打，或是滾動擀麵棍稍微弄碎，倒進調理碗。
❷ 開心果加進①。
❸ 杏仁在烤盤上攤開，放進上火、下火皆160℃的烤爐烘烤約4～5分鐘。
❹ ②加進③，用手攪拌。
❺ 細砂糖和麥芽糖倒入銅碗用大火加熱，不時用木刮刀攪拌，熬煮到變成褐色。
❻ 關火，加入④用木刮刀攪拌均勻。

成形、裝飾

作法

❶ 33×25×高1cm的蛋糕框放在鋪了烘焙紙的擀麵板上，倒入 A。
❷ 烘焙紙蓋在①上面，用手按壓稍微弄平，從上面滾動擀麵棍將 A 攤平到蛋糕框的角落，並且將表面弄平。
❸ 擀麵板放在②上面，上下翻過來。取下變成在上面的擀麵板，滾動擀麵棍弄平。
❹ 擀麵板放在③上面，上下翻過來。取下變成在上面的擀麵板，再次滾動擀麵棍弄平。表裡都變平後，揭下烘焙紙，將蛋糕框取下。
❺ ④趁熱時用波刃麵包刀切成約5.5×2cm。

製法的重點

{ 白色牛軋糖 }

糖漿調整成142℃

在打發的蛋白和細砂糖，會添加加了麥芽糖和蜂蜜的糖漿，不過這時，我把糖漿調整成142℃。牛軋糖是在打發的蛋白和細砂糖添加132～133℃的糖漿，在調理碗周圍用噴槍加熱提高溫度是一般的方法。不過，這個方法的加熱容易不均勻。提高糖漿的溫度後再作業能增加穩定性。另外，要趁著打發蛋白尚熱時摻入堅果。如果添加糖漿的打發蛋白溫度太低，就不會有黏性，也會變得不易合在一起。

將杏仁和榛果烘烤

烤過的杏仁和榛果在摻入打發蛋白之前先用烤箱烘烤，再和橘皮及糖漬櫻桃加在一起。混合的堅果要是太涼，打發蛋白就會凝固，作業性也會變差，成品也不好看。

{ 香菜牛軋糖 }

用開心果增添色彩

添加鮮綠色的開心果，作為外觀上的強調重點。因為烤過之後顏色會暈開，所以要添加生開心果。

細砂糖和麥芽糖一起加熱

與其等細砂糖熬煮到變成褐色才添加麥芽糖，不如從一開始就將細砂糖和麥芽糖加在一起加熱，溫度會比較快上升。不只作業效率佳，一邊維持高溫一邊熬煮，裝飾時就會酥脆香甜。

均勻地混合

糖和堅果沾在一起時，注意別出現只有糖的部分。糖的部分太多會硬得咬不動，也會減損風味的統一感。

Meringue
Noir Chocolat / Surprise au Café
Boule de Neige / Rocher

［打發蛋白　黑巧克力／
驚喜咖啡／雪球／岩塊］

「Meringue」在法語中是指打發蛋白。基本上是蛋白和砂糖打發烘焙的簡單甜點，不過依照調配與製法，味道、口感與質感都會大為改變。我藉由3種打發蛋白的製法，製作出各有特色的4種打發蛋白，一起混裝提供販售。在義式打發蛋白，有巧克力風味的「黑巧克力」和咖啡香帶來「Surprise（驚喜）」的「驚喜咖啡」；在法式打發蛋白，有口感沙沙的「雪球」；而在瑞士打發蛋白，我製作了口感細緻酥脆的「岩塊」。即使同樣是打發蛋白，卻能裝飾不同的印象，這正是有趣之處。

由左至右為「驚喜咖啡」、「岩塊」、「黑巧克力」、「雪球」。儘管製法不同，攪拌時不弄破氣泡，是呈現出輕盈感的共通點。

Meringues ｜ 打發蛋

C'est Bon!

[好吃！]

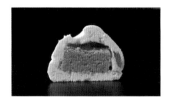

一邊思考味道與口感的平衡，一邊用
滿滿的法式打發蛋白，將約10g份量
滿分的榛果巧克力塗層成圓頂狀。以
低溫慢慢地烘烤，也會呈現光澤。

從鬆脆散開的打發蛋白，出現令人驚奇的濃郁芳香榛果巧克力，這
款點心是參考法國的糕點師朋友的食譜開發而成。這位朋友採用的手
法，是用瑞士打發蛋白覆蓋四邊形榛果巧克力的一面，在常溫下乾燥
後也覆蓋另一面然後烘烤。不過我是用打發得較軟的法式打發蛋白，
像是製作巧克力糖般浸泡榛果巧克力。這樣一來，可以讓打發蛋白一
次裹在榛果巧克力上面，提升作業效率。另外，由於能呈現打發蛋白
的份量，也能強調輕盈的口感，並且表現出與榛果巧克力在口感上的
對比。

打發蛋白・
黑巧克力／驚喜咖啡／雪球／岩塊
[Meringue Noir Chocolat / Surprise au Café / Boule de Neige / Rocher]

A 黑巧克力打發蛋白
[Meringue Noir Chocolat]

材料（60×40cm烤盤3個的份量，分成約273顆）
細砂糖……250g
水……65g
蛋白……140g
黑巧克力（嘉麗寶「811 Callets」／可可含量54.5%）*……125g
純糖粉……160g
＊隔水加熱融解，調整成體溫溫度。

作法
❶ 細砂糖和水倒入鍋中，用大火加熱到117℃，熬煮到變成軟球狀（冷卻後用手指勾起會變成小球體的狀態）。
❷ ①開始沸騰後，蛋白倒入攪拌碗，以高速開始打發。呈現份量發白變得輕柔後，將①沿著攪拌碗內側側面慢慢地倒入。
❸ 以高速攪拌到用打蛋器舀起會立起角狀。
❹ 黑巧克力加進③，用橡膠刮刀大略攪拌，別弄破氣泡。不是用攪拌器，而是用橡膠刮刀快速攪拌。如果用攪拌器攪拌，因為巧克力含有的油脂的作用會使氣泡破掉。
❺ ④有一半混合後就添加純糖粉，從底部舀起，快速大略攪拌到變得均勻。
❻ ⑤倒進裝了口徑1cm圓形花嘴的擠花袋，在鋪了烘焙紙的60×40cm烤盤上擠出長約3cm。
❼ 在⑥的烤盤底下鋪上另一個烤盤，用上火、下火皆150℃的烤爐烘烤約40分鐘。若是使用對流烤箱，不用追加烤盤，用140℃烘烤約40分鐘。

B 驚喜咖啡打發蛋白
[Meringue Surprise au Café]

材料（60×40cm烤盤3個的份量，分成約324顆）
細砂糖……400g
水……100g
蛋白……140g
濃縮咖啡萃取物*……10g
即溶咖啡粉*……10g
純糖粉……40g
＊混合變成糊狀。

作法
❶ 進行和 A 的步驟①～③同樣的作業。
❷ 切換成中速，添加加在一起變成糊狀的濃縮咖啡萃取物和即溶咖啡粉，攪拌均勻。
❸ 純糖粉加進②，用橡膠刮刀大略攪拌。
❹ ③倒進裝了口徑1cm圓形花嘴的擠花袋，在鋪了烘焙紙的60×40cm烤盤上擠出直徑2.5cm的球狀。
❺ 在④的烤盤底下鋪上另一個烤盤，用上火、下火皆150℃的烤爐烘烤約40分鐘。若是使用對流烤箱，不用追加烤盤，用140℃烘烤約40分鐘。

C 雪球打發蛋白
[Meringue Boule de Neige]

材料（60×40cm烤盤3個的份量，分成約240顆）
蛋白……140g
細砂糖A……40g
細砂糖B*……400g
＊顆粒大的。

作法
❶ 蛋白倒入攪拌碗，以高速打發。
❷ 呈現份量發白變得輕柔，會留下打蛋器的痕跡後，同時加入細砂糖A，打發至用打蛋器舀起會立起角狀。
❸ 細砂糖B加進②，用漏勺大略攪拌。
❹ ③倒進裝了口徑1cm圓形花嘴的擠花袋，在鋪了烘焙紙的60×40cm烤盤上擠出直徑約3.5cm的球狀。
❺ 在④的烤盤底下鋪上另一個烤盤，用上火、下火皆150℃的烤爐烘烤約40分鐘。若是使用對流烤箱，不用追加烤盤，用140℃烘烤約40分鐘。

D 岩塊打發蛋白
| Meringue Rocher |

材料（60×40cm烤盤3個的份量，分成約264顆）

純糖粉……250g
蛋白……140g
杏仁片＊……250g

＊用上火、下火皆160℃的烤爐烘烤約15分鐘。

作法

❶ 純糖粉和蛋白倒入攪拌碗，用打蛋器攪拌到純糖粉溶解變得滑順。

❷ ①用中火烘烤，不斷地用打蛋器攪拌，並且烘烤到50℃。不時離火，注意不要燒焦。

❸ ②放入攪拌機，以高速打發。整體出現光澤，變成用打蛋器舀起會形成角狀並且立刻稍微滴下來即可。

❹ 杏仁片加進③，用橡膠刮刀快速大略攪拌。

❺ 用湯匙舀起④變成直徑約3cm的大小，排在鋪了烘焙紙的60×40cm的烤盤上。

❻ 在⑤的烤盤底下鋪上另一個烤盤，用上火、下火皆150℃的烤爐烘烤約40分鐘。若是使用對流烤箱，不用追加烤盤，用140℃烘烤約40分鐘。

製法的重點

｜ 打發蛋白・黑巧克力／驚喜咖啡 ｜

用義式打發蛋白製作

為了追求鬆脆的口感，採用在蛋白添加熱糖漿並且打發的義式打發蛋白。蛋白充分打發一定程度後，慢慢地加入糖漿攪拌，就能呈現出有光澤、硬一點的打發蛋白。若不這麼做，保形性會變低，口感也不會鬆脆。

收尾時摻入純糖粉

打發蛋白用巧克力或咖啡增添風味後，加入純糖粉攪拌，就會呈現更美麗的光澤。

｜ 雪球打發蛋白 ｜

用法式打發蛋白製作

採用在蛋白添加砂糖打發的法式打發蛋白。追求輕輕散開的口感。打發得較硬的打發蛋白，再添加顆粒大一點的細砂糖大略混合，就能表現鬆脆的口感。

｜ 岩塊打發蛋白 ｜

用瑞士打發蛋白製作

採用蛋白與砂糖加熱打發的瑞士打發蛋白，表現出酥脆的口感。細緻、有光澤的質感十分有特色，另外，由於彈性與黏性很強，保形性很高，所以容易和杏仁等素材混合也是魅力之一。蛋白和砂糖加熱到50℃後用攪拌器打發。要是溫度太低保形性也會變低，添加杏仁後就會鬆弛。

A 榛果巧克力
[Gianduja]

材料（32×22.5×高4cm蛋糕框1個的份量，分成約112顆）
杏仁（去皮）*[1]……500g
細砂糖……500g
可可脂*[2]……100g
＊1 使用馬可納杏仁。
＊2 融解調整成約30℃。

作法
❶ 杏仁在烤盤上攤開，用上火、下火皆160℃的烤爐烘烤約20分鐘。烤好後置於常溫下一會兒完全冷卻。
❷ ①和細砂糖加在一起用滾輪碾壓。
❸ ②和可可脂倒入調理碗，用刮板從底部舀起來，從上面緊緊地按壓攪拌。
❹ 1個32×22.5×高4cm的蛋糕框放在鋪了烘焙紙的揉麵板上，倒入③。用刮板和手將整體攤開，從上面緊緊地按壓弄平。用急速冷凍機急速冷凍。
❺ 將蛋糕框取下，放進冰箱冷藏到變成容易切的硬度。
❻ 揭下⑤的烘焙紙，切成3×2cm。

B 法式打發蛋白
[Meringue Française]

材料（約112個的份量）
蛋白……400g
細砂糖……800g
蘭姆酒（NEGRITA蘭姆酒）……適量

作法
❶ 蛋白倒入攪拌碗，以高速打發。
❷ 呈現份量發白變得輕柔，會留下打蛋器的痕跡後，慢慢地加入細砂糖，打發到用打蛋器舀起，會形成角狀立刻滴下來的狀態。
❸ ②移到調理碗，添加蘭姆酒用橡膠刮刀大略攪拌。

成形、烘烤

作法
❶ 1個A丟進打發蛋白，使用橡膠刮刀用打發蛋白覆蓋A。
❷ 用浸泡用叉子撈起①的A，然後用橡膠刮刀刮掉多餘的打發蛋白。
❸ ②倒過來排在鋪了烘焙紙的60×40cm烤盤上。
❹ 在③底下疊上另一個烤盤，用上火、下火皆150℃的烤爐烘烤約1小時。若是使用對流烤箱，不用疊上烤盤，用140℃烘烤約1小時。

製法的重點

｛ 榛果巧克力 ｝

注意可可脂的溫度

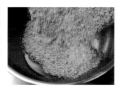

可可脂調整成約30℃。和加在一起用滾輪碾壓的杏仁與細砂糖混合時，若是可可脂的溫度太低就不易混合，要是溫度太高摻入凝固後，可可脂的油脂便會浮現在表面。

｛ 法式打發蛋白 ｝

打發蛋白要軟一點

為了將榛果巧克力完全包住，打發蛋白要做成稍微軟一點。用打蛋器舀起會形成角狀且立刻滴下來，變成這種狀態後就停止攪拌。要是攪拌到立起角狀，變成較硬的打發蛋白，就不能把榛果巧克力漂亮地包住。

Tagada

［棉花糖］

　「Tagada」是法國人熟悉的零食，一般是指大型甜點廠商大量生產的法式棉花糖（guimauve），其中草莓風味最為有名。鮮豔的色彩、香甜的香料與「柔軟」的口感，比起使用水果果醬製作的新鮮法式棉花糖，我覺得更接近人工風味、別具魅力的棉花糖（marshmallow）。現在連法國都幾乎沒有自製的店家，不過對日本人而言也有些令人懷念的滋味與鮮豔的顏色，我覺得很有意思，於是決定查閱食譜自己製作。我不使用蛋白，將調配明膠的糖漿充分打發，表現出有彈力的口感。藉由香料與色素，始終堅持零食風。

棉花糖的變化
也有提供法國的經典草莓風味「fraise（草莓）」。自己用石膏做模具，每種風味都做成不同形狀。塗滿表面的鮮豔細砂糖加強了甜味。

Original ｜ 原創甜點

Chinois Noix

[中國核桃酥]

糖漿滲入的核桃容易燒焦，注意不要
炸過頭變得焦黑。考量炸完後利用餘
熱烘烤，調整油炸時間。白芝麻是口
感與風味的強調重點。

　　構想來源是中國點心。在中國料理店嚐到的糖煮山核桃，那鬆脆口
感和芳香芝麻令我感受到魅力，所以我決定把它改成法式甜點風。我
挑選的堅果是，在中國點心也算是經典，在法式甜點使用頻率也很高
的核桃。核桃的澀味很強烈，所以要預先煮過。但是，我想要活用核
桃的風味與口感，所以調整烹煮時間，一面除去澀味，一面適度地留
下獨特的澀味與硬度。煮過的核桃趁熱浸在糖漿裡，直接靜置一晚連
裡面都充分增添甜味。油炸到變成深褐色，表現酥脆的口感與香味。
芝麻的香味也是魅力之一。

棉花糖

| Tagada |

A 棉花糖麵糊

| Marshmallow |

材料（約60×40cm烤盤3個的份量，分成約240顆）

明膠顆粒（新田明膠「明膠21」）*……23g
水A……45g
細砂糖……300g
水B……100g
轉化糖（Trimoline）A……55g
轉化糖（Trimoline）B……140g
檸檬酸（液體）*……1g
香蕉香料（液體）……5滴
色素（黃色）……適量
*水和檸檬酸以相同比例混合而成。

作法

❶ 在製作棉花糖麵糊的作業前先準備模具（右邊的步驟①～⑤）。明膠顆粒和水A倒入調理碗，用打蛋器攪拌。

❷ 細砂糖、水B和轉化糖A倒入鍋中用大火加熱，用打蛋器一邊攪拌一邊熬煮到108℃。

❸ 變成108℃後離火，加入①、轉化糖B和檸檬酸攪拌。

❹ ③倒入攪拌碗，以高速打發。

❺ 呈現份量發白變得輕柔，即使留下打蛋器的痕跡也會立刻消失後，就添加香蕉香料攪拌。

❻ 色素加進⑤。

❼ 打發到顏色變得均勻，直到用打蛋器舀起會呈緞帶狀流下來，流下的痕跡慢慢消失。

準備模具、裝飾

材料（容易製作的份量）

細砂糖……適量
色素（黃色、粉末、油性）……適量

作法

❶ 準備模具。細砂糖和色素倒入調理碗，用打蛋器攪拌。

❷ ①在鋪了烘焙紙的烤盤上撒滿。留下一部分的①別撒完。

❸ 用刮板輕輕攤開②，用噴霧器噴灑酒類（除菌用，額外份量）將表面弄濕。

❹ 用刮板把③調整成厚1.5cm，刮平。

❺ 拿長約4cm的香蕉模具按上，每一個烤盤做出80個凹處。

❻ Ａ裝進擠花袋，在⑤的凹處擠成稍微隆起。

❼ 剩下的①從⑥的上面過篩覆蓋⑥。放進冰箱冷卻。

❽ 用刮板舀起⑦，放在篩子上將多餘的①撢落。

❾ ⑧在鋪了烘焙紙的烤盤上攤開，置於常溫下一晚。

中國核桃酥
[Chinois Noix]

中國核桃酥
[Chinois Noix]

材料（容易製作的份量）

核桃（帶皮）……500g　　麥芽糖……250g
水……250ml　　　　　　白芝麻＊……適量
細砂糖……500g
＊煎炒。

作法

❶ 在鍋中倒滿水（額外份量）加熱，煮到沸騰。

❷ 核桃倒入①轉到中火，煮15～20分鐘。

❸ 水、細砂糖、麥芽糖倒入另一只鍋子用大火加熱，細砂糖溶解沸騰後就關火。

❹ ②撈到篩子裡充分除去水分。

❺ ④移到調理碗，趁著④尚熱倒入③。

❻ 用保鮮膜在表面貼緊，放進冰箱靜置一晚。

❼ ⑥撈到篩子裡充分除去水分。

❽ 在下個步驟倒入⑦時，份量完全蓋過⑦的沙拉油（額外份量）倒入鍋中，加熱到160～170℃。

❾ ⑦倒進⑧，用漏勺一邊攪拌，一邊炸成深褐色，使顏色變得均勻。油炸時間的標準為大約3分鐘。

❿ 用漏勺舀起⑨，放在放了烤網、鋪上烘焙紙的烤盤上，充分除去油分。

⓫ 立刻將⑩移到調理碗，趁熱加入白芝麻。搖晃調理碗均勻地撒滿白芝麻。

製法的重點

｛ 棉花糖 ｝

追求日本零食的風味

不是使用水果果醬的法式棉花糖，而是添加香料與色素的日本零食風棉花糖。雖然一般的棉花糖使用打發蛋白，但是我不調配蛋白，而是將糖漿充分打發，做成有彈力的口感。

棉花糖麵糊淡淡地著色

想像香蕉，將純白色的棉花糖麵糊染成淡淡的黃色。此外，收尾時撒滿染成黃色的細砂糖，讓表面變成香蕉色。裡面的顏色要是太深，就會變成好像有毒的印象，因此必須注意。

變成容易擠出的硬度

棉花糖麵糊的硬度標準是，用打蛋器舀起呈緞帶狀流下來，流下的痕跡慢慢消失。如果繼續打發，擠出時因為明膠的作用會使麵糊慢慢凝固，變得很難擠出來。

｛ 中國核桃酥 ｝

藉由調整火候活用核桃的風味

核桃用中火煮15～20分鐘，就能去除澀味，留下獨特的苦澀。我想表現「核桃的香味」，所以刻意活用澀味。煮太久澀味會消失，變得沒有味道，因此得注意。

核桃趁熱浸在糖漿裡

煮好的核桃趁熱浸泡在沸騰的熱糖漿裡。核桃冷卻後糖漿就很難入味。

充分油炸

糖漿滲入的核桃用160～170℃的油充分油炸，呈現出酥脆的口感。變成深褐色後就從油鍋裡撈起來。從油鍋裡撈出後也會藉由餘熱加熱，所以要是炸太久外觀就會變得焦黑，也會出現苦味。

踏上糕點師之路

Ⅰ 嚮往法式甜點

我出生在東京御徒町一間以批發為主要業務的麵包店。在聖誕季我幫忙家裡的工作前往生意往來的百貨公司，在西式點心賣場看到裝飾蛋糕，上頭漂亮的玫瑰奶油深深吸引了我，這就是我想成為西式甜點師傅的原因。之後，我在專門學校學習製菓，後來在東京都內的西點店工作。當時甜點的主流是，使用人造奶油和起酥油製作的奶油。另一方面，帝國飯店和大倉大飯店有法國糕點師提供華麗的法式甜點。我對真正的法式甜點心懷嚮往之時，參加了法文翻譯家，同時也對法式甜點造詣頗深的山名將治老師，每2個月舉辦1次的法式甜點學習會。學習會的內容非常有趣，我想在發源地學習製菓的心情愈來愈強烈，並且也努力學習法文。話雖如此，我遲遲下不了決心前往法國，不過有一次山名老師向我提起，他可以幫我介紹巴黎的修業地點，於是我終於決定前往法國。

Ⅱ 歐洲修業時期

我在1969年6月一個雷雨交加的日子抵達巴黎。在山名老師的介紹下，2天後我在7區榮軍院附近的「Jean Millet」開始工作。這裡是由「Nouvelle Patisserie（全新甜點）」的先驅尚・米勒先生擔任老闆兼西點主廚，從鬆軟糕點到Traiteur（熟食）都有提供的法式蛋糕名店。走進廚房最先映入眼簾的是，一字排開的利口酒和蒸餾酒的酒瓶，提到用於甜點的酒類，我只知道蘭姆酒和白蘭地，因而受到強烈的文化衝擊。廚房裡除了甜點部門的西點主廚，西班牙人費南多・阿列馬尼（Fernando Alemania）先生，大約有15名師傅在裡面工作。在米勒先生認同我為止，大概花了半年時間吧？雖然我工作大約2年，但烤爐以外的部門我都負責過，而在甜點部門，我也被交付製作新作品的重任。

在巴黎修業的夥伴，有「AU BON VIEUX TEMPS」的河田勝彥先生、「MALMAISON」的大山榮藏先生和「BOUL'MICH」的吉田菊次郎先生。當時，包含河田先生等在巴黎修業的日本糕點師組成「星形會」。每個月第3個週一下午，我們會在星形廣場（現為戴高樂廣場）的凱旋門底下碰頭，前往引發話題的店家，或是交換資訊。大家都想在有限的期間內吸收法式甜點的一切，非常積極主動呢。

在Jean Millet之後，我對維也納甜點也很感興趣，於是在河田先生的介紹下，我到奧地利維也納的老店「Heiner」修業大約10個月。之後，我在瑞士的コバ製菓學校繼續學習製菓後，於1972年踏上歸國之途。

在巴黎修業的日本糕點師組成「星形會」。圖為1970年前後成員在巴黎合影留念。

左圖）前往歐洲的第一個修業地點，法國巴黎的「Jean Millet」。
右圖）「Jean Millet」的店內。當時是走在法式甜點最前頭的店家。

左圖）在巴黎修業時期我也負責製作糖果。認識到糖果的有趣之處就是在這時候。
右圖）和法國糕點師夥伴合影。右邊是後來接手經營「Jean Millet」的Denis Ruffel先生。

Ⅲ 回國後

回國後，我在神奈川縣內的西點店工作。雖然我在有10幾名師傅的店裡擔任西點主廚，但是沒辦法製作自己真正想要做的法式甜點，每天過著悶悶不樂的日子。這時候，河田先生回國了，他在埼玉浦和設立「河田甜點研究所」。在河田先生的邀約下，我和他一起工作。

成員包括河田先生和我一共3人。我們在浦和市內與東京都內的甜點店從批發巧克力糖果的業務起步，之後也經手乾花色小蛋糕。河田先生具備我不知道的法式甜點技術，像是甘納許的準備方法等，能在他手下工作，對我而言是非常寶貴的經驗。

Ⅳ 擔任名店西點主廚之後獨立創業

之後，東京立川的咖啡館「CAFE KLIMT」，店鋪隔壁即將開一間提供正統法式甜點，附設Salon de thé（茶館）的法式蛋糕店「Emilie Floge」，藉此機會我以西點主廚的身分工作一事決定了。1980年，當時的我33歲。我傾注歐洲修業時期培養的一切技術，提供聖馬可蛋糕、洋梨夏洛特和薩瓦蘭蛋糕等傳統法式甜點。雖然尺寸比較小，不過味道堅持與發源地一模一樣。每到週末，CAFE KLIMT、Emilie Floge、姊妹店的紅茶專賣店加起來合計共有2000多名客人光顧。原本預定只待4～5年，卻擔任了長達13年的西點主廚，都是因為支持法式甜點的客人很多，這家店也對我帶來刺激。

另一方面，擁有自己的店也是我長年以來的夢想。偶然間得知京王線高幡不動站附近的物件，為我獨立的念頭推了一把，1993年我終於獨立創業。之後25年，繼承山名老師意志，持續研究古典甜點而誕生的商品；包含在巴黎修業時期吸引我的糖果等商品數量逐漸增加，現在計有250樣以上。並且，學到我的技術與想法的100多名年輕糕點師也從這間店展翅高飛。他們活躍的身影，同時也激勵了我，成為我今後製作甜點的活力。不只是自己製作甜點之路繼續向前邁進，我也計劃培育後進及活化業界，並且一輩子以糕點師的身分持續站在第一線。

1993年，在紀念獨立創業而舉行的酒會上留影。

2016年9月改裝前的店內模樣。改裝時，溫暖的氛圍沒有變動，只有增加陳列空間。

給予影響與刺激的人們

山名 將治 先生

身為法文翻譯家,也經手編輯西式點心專業雜誌的先驅——「PÂTISSERIE」雜誌月刊,致力於法式甜點在日本的發展。個性有點不像日本人,是一位充滿行動力與活力的人。在我抵達巴黎的隔天,就帶我到預定修業的地點「Jean Millet」,直接替我和老闆兼西點主廚尚·米勒先生交涉,這件事我永生難忘。多虧了老師的熱情與活力,為許多日本糕點師開闢了赴法的道路。我也有參加山名老師開創的法式甜點研究會「法式蛋糕會」,在老師退出第一線之後,由我繼承他的意志,持續舉行這個研究會。在2014年老師去世之前,包含私下的交情,如果沒有山名老師就沒有今天的我,我對他充滿感激之情。

河田 勝彥 先生

比我早4～5年前往法國的河田先生,在巴黎修業的日本糕點師之間宛如領導者。在日本糕點師組成的「星形會」或「巴黎大堂會」,他身為總召定期舉辦學習會。為同志介紹修業地點,學到的技術也毫不吝惜地公開,他的度量和以前一點也沒變,從當時便受到許多糕點師敬仰。在「用眼睛偷學」是理所當然的時代,能有一位不論提出任何問題都願意傾囊相授的前輩,實在是令人感激,他的態度令我深銘肺腑。他的態度在回國後也沒改變,在我獨立創業時或推出糖果商品時,他親如一家地提出許多建議。比我年長3歲的前輩河田先生,從我遇見他的時候,我對他的敬意完全沒有改變。

費南多·阿列馬尼
(Fernando Alemania) 先生

我在「Jean Millet」修業時,擔任甜點部門西點主廚的西班牙人,當時他十分照顧我。也許同樣是外國人而產生夥伴意識,不過在法國糕點師之中奮鬥的我,總是獲得他的幫助。他傳授給我的製菓知識和技術,成為現在我製作甜點的基礎。我們私底下也有往來,我曾經造訪他的故鄉,西班牙人南部的城市阿利坎特,他也曾經來到日本。和他之間的回憶是我的寶物。

尚·馬爾克·斯克里班特
(Jean-Marc Scribante) 先生

雖然年紀比我小,對我而言卻算是「糖果老師」的法國糕點師,同時也是一名巧克力師傅。他在里昂郊外的城鎮經營巧克力商店時,本店員工在他店裡修業,我們自此結下緣分。他也曾在本店工作約3個月,並傳授了許多知識給我們。目前他在兵庫神戶的法國料理甜點專門學校執教鞭。今後他將再度挑戰過去留到最終選拔的M.O.E.(法國國家最優秀職人章)考試。他如此積極的態度,對我也是不錯的刺激。

中牟礼 貞則 先生

我從20幾歲就很喜愛的爵士吉他手。從歐洲修業回國後,雖然暫時疏遠了,不過大約20年前我去聽現場演出,和他交談了幾句。當時中牟礼先生約莫60歲出頭,和以前一樣的強力演奏令人感動,我詢問他的活力來源,他回答,就是把演奏擺在第一位的生活。他飲食規律,1天2餐。演奏前絕不進食,非常地禁慾。雖然我當時50歲出頭,不過後來為了增強體力,開始每週上2次健身房,也變得注意飲食。他貫徹永不退休的態度打動了我,是我當成目標的人生前輩。

「PÂTISSERIE DU CHEF FUJIU」
的創立

本店在高幡不動尊金剛寺的參道附近，於1993年開業。為了提醒自己莫忘初衷，入口上方的看板仿照我在巴黎修業第一天，在「Jean Millet」協助收尾的洋梨夏洛特。花壇是我太太（祐子）自己做的。從開業當時就是溫暖的內部裝潢，2016年9月新設了色調明亮的木架等，改裝成更能營造柔和氣氛的空間。店裡陳列了250種以上類型廣泛的法式甜點，禮品商品也隨處陳列。出自福永由美子小姐之手，以本店甜點為主題的包裝插畫，也成了內部裝潢的強調重點。店裡內側也附設了約10席的咖啡空間。

作者

藤生義治 *Yoshiharu Fujiu*

1947年生於東京都。東京製菓學校畢業後，先在東京都內的西點店工作3年，1969年遠赴歐洲，先後於巴黎名店「Jean Millet」、維也納老店「Heiner」修業，之後又從瑞士的コバ製菓學校畢業。1972年回國後，又在神奈川縣內的西點店累積經驗，後來到巴黎修業時期的前輩，現在「AU BON VIEUX TEMPS」的老闆兼西點主廚河田勝彥先生設立的埼玉浦和的「河田甜點研究所」工作。1980年就任東京立川「Emilie Floge」的西點主廚。1993年於東京高幡不動開了「PÂTISSERIE DU CHEF FUJIU」，2007年10月又在JR立川站站內開了2號店。目前也擔任國內外講習會的技術指導者，致力於發展西點業界與培育後進。也傾力研究法式古典甜點。

PÂTISSERIE DU CHEF FUJIU

高幡不動總店
東京都日野市高幡 17-8
電話／042-591-0121
營業時間／9點～20點
公休日／全年無休

ecute 立川店
東京都立川市柴崎町 3-1-1 ecute 立川(剪票口外)
電話／042-521-5174
營業時間／10點～22點，週日、節日：～21點
公休日／全年無休

http://www.chef-fujiu.com/

TITLE

藤生義治　法式甜點新詮釋

STAFF		ORIGINAL JAPANESE EDITION STAFF	
出版	瑞昇文化事業股份有限公司	取材・執筆	宮脇灯子
作者	藤生義治	撮影	合田昌弘
譯者	蘇聖翔	アートディレクション＆デザイン	吉澤俊樹 (ink in inc)
		校正	萬歳公重
總編輯	郭湘齡	フランス語校正	三富千秋
責任編輯	蕭妤秦	編集	永井里果、吉田直人
文字編輯	徐承義　張聿雯		
美術編輯	謝彥如　許菩真		
排版	二次方數位設計		
製版	明宏彩色照相製版有限公司		
印刷	龍岡數位文化股份有限公司		
	絃億彩色印刷有限公司		
法律顧問	立勤國際法律事務所　黃沛聲律師		
戶名	瑞昇文化事業股份有限公司		
劃撥帳號	19598343		
地址	新北市中和區景平路464巷2弄1-4號		
電話	(02)2945-3191		
傳真	(02)2945-3190		
網址	www.rising-books.com.tw		
Mail	deepblue@rising-books.com.tw		
初版日期	2020年7月		
定價	990元		

國家圖書館出版品預行編目資料

藤生義治：法式甜點新詮釋 / 藤生義治
作；蘇聖翔譯. -- 初版. -- 新北市：瑞昇
文化, 2020.06
216面；21 x 27.2公分
ISBN 978-986-401-423-1(精裝)

1.點心食譜

427.16　　　　　　　　　109007378